U0396017

大设计研究丛书｜李志刚主编

武汉大学 2018 双一流人才科研启动经费
国家青年自然科学基金（51508421）

规划的混乱：探寻花楼街

Guihua de Hunluan: Tanxun Hualoujie

胡晓青　张点　何志森｜著

东南大学出版社
SOUTHEAST UNIVERSITY PRESS

南京 • 2019

内容提要

本书呈现了2015年暑期在武汉大学举办的"规划的混乱"Mapping工作坊的成果。此次工作坊旨在通过对武汉花楼街及周边区域进行调查研究，连续跟踪、观察和记录居住其中的人、被忽略的物以及那里发生的非正规活动，用Mapping的方式和蠕虫的视角自下而上地去发掘和理解"混乱"背后隐藏的空间策略和战术。这些策略和战术不仅有可能演变为设计师很好的设计工具，也可以给当今的城市设计提供更灵活和更人性化的策略，或者给自上而下的规划政策提供一种有价值的思路。

本书可供城乡规划、城市设计、建筑学及相关专业师生学习参考，也适合对Mapping、环境行为学、路上观察学、非正规空间、日常都市主义或城市生活感兴趣的读者。

图书在版编目（CIP）数据

规划的混乱：探寻花楼街 / 胡晓青等著. —南京：
东南大学出版社，2019.2
　　（大设计研究丛书/李志刚主编）
　　ISBN 978-7-5641-8228-1

　　Ⅰ．①规… Ⅱ．①胡… Ⅲ．①建筑设计-研究 Ⅳ.
①TU2

　　中国版本图书馆CIP数据核字（2018）第297181号

书　　　名：规划的混乱：探寻花楼街
著　　　者：胡晓青　张点　何志森
责任编辑：孙惠玉　　　　　邮箱：894456253@qq.com

出版发行：东南大学出版社　社址：南京市四牌楼2号（210096）
网　　址：http://www.seupress.com
出 版 人：江建中

印　　刷：徐州绪权印刷有限公司
开　　本：700 mm×1000 mm　1/16　　印张：13　　字数：316 千
版 印 次：2019年2月第1版　　　2019年2月第1次印刷
书　　号：ISBN 978-7-5641-8228-1　定价：99.00元

经　　销：全国各地新华书店　发行热线：025-83790519　83791830

编委编写名单

编委成员

胡晓青　张　点　何志森　陈　灼　孙思雨　李照野　周韦博
张思雨　徐静悦　张沛琪　莫　林　姚竹西　尹仁龙　陈欣欣

编写成员

绷子床组：孙思雨　廖烜俪　姚竹西　孙晨晨　陈祺龙　叶子建　唐丽玄
汤婆子组：纪　琳　张　晗　覃　琛　王紫倩　李庆芸　李照野
板　车　组：周韦博　张林凝　康雅迪　王青子　王子钦　青　妍　李　晶
照妖镜组：张思雨　刘丽丽　段睿君　陈亚琦　陈　灼　容志毅　李　鹤
生　姜　组：徐静悦　陈欣欣　陈靖翔　朱晗潇　方歆月　卢麒壬　覃思源
　　　　　　李智辉　邢　策
小龙虾组：陈楚翘　李官根　朱　珩　唐　尧　陈婧慧　张沛琪　何　悦
邵大爷组：颜碧玉　马　冉　郭　佳　莫　林　吴劲松　林　鹏

感谢所有居住在花楼街的居民，是你们教会了我们怎么设计

在《权力与建筑》（*The Edifice Complex*）
一书的结尾，作者迪耶·萨迪奇（Deyan
Sudjic）叹息道，建筑师们有朝一日终将无
一例外地发现，定义自己的总是"大人物们"
重塑世界的欲望。不论这看似悲观的结论是
否无可避免，在本次工作坊中，都希望我们
能体察"小人物们"对日常空间的使用和需
求，并练就一双关注平凡人生活的眼睛。这
双眼睛将伴随我们，在那温和而敏锐的目光
中，隐藏着力量。

——张点

生姜白菜小龙虾，
板车脚炉绷子床，
铜丝废铁照妖镜。
高楼豪宅底下，
川流人群之中，
模糊的、远去的，
是爷爷的爷爷的家。
　　　　──胡晓青

目录

总 序

当今世界的千年未有之变，在于城市化。进入新世纪，中国已经全面进入城市时代，城市的健康、可持续发展成为国家重大战略需求。党中央、国务院对城市工作一直保持高度关注，新时代的城市建设呼唤城市科学的全面发展。随着近年城乡规划工作主管部门从住建部向自然资源部调整，国家空间规划体系、规划编制理念、规划管理权责等各方面正在全面转型。面对国家生态文明建设和现代治理体系建设的要求，原有"城市扩张时代"则已经终结，城市发展转向"以人为本"、内涵增长和面向"存量空间"的新标准和新要求。

在此背景下，城乡规划、建筑和设计工作的转变愈加凸显，表现诸多趋势。如综合化：从"两规合一"、"多规合一"到"一张蓝图干到底"，当前国家空间规划不断强调规划的统筹、综合与协调作用，迫切需要交叉学科的支撑。数字化：随着物联网、大数据技术的发展，数字技术已经渗透到各行各业，数字城市、智慧城市等也成为城市发展的新目标，数字化和信息化已经成为未来城市规划、建筑和设计的重要内容。生态化：中央将空间规划改革纳入生态文明改革总体方案，规划设计由传统的"先图后底"向"先底后图"转变，保护自然资源要素，促进人居环境优化提质成为主要目标。制度化：传统物质空间规划正在进一步向公共政策转型。而在空间规划体系的历史重大变革的大背景下，国家提出深入推动全域、全要素国土空间治理的要求，规划不仅要勾画未来"美好蓝图"，更要致力于具体实施政策的落实。

作为结果，规划设计的"供给侧"同样进入重大变革期。传统的基于建筑学、以物质空间设计为主的规划设计手段已经不再适用，我们需要全新的、融合信息技术、管理学、生态学、社会学等多学科渗透、多技术交叉的新规划、新建筑和新设计，所谓"大设计"的时代由此到来。单一的物质空间设计已经无法支撑更加复杂的城市规划、人居环境建设乃至"面向人的需求"的设计需要，新时代的城市设计学科正在与信息技术、遥感、计算机、管理、政治、生态等多学科深度融合。特别是近些年基于稠密数据、人工智能、机器学习等新技术、新领域的规划、建筑、设计应用快速发展，产生了大量全新成果，带来设计水平的大幅提升，"大设计"的研究范式已经出现。

高校开展科研工作，根本任务在于服务国家重大战略需求。我们迫切需要重新构建适合中国国情的大设计学科体系，需要推动实现空间、社会、经济、技术的有机融合，引导城市走向可持续发展的未来。武汉大学拥有非常综合化的学科设置，具有突出的交叉学科优势，尤其在遥感、GIS、地理、大数据等方面处于全国乃至全球领先地位。抓住学科变革的历史机遇，大力发展复合型、特色化的"大设计"学科群成为当务之急。武汉大学城市设计学院拥有城乡规划学、建筑学计两个一级学科博士点；城乡规划学、建筑学、风景园林学、景观与公共艺术、数字化设计与仿真、建筑与土木工程（工程硕士）计六个硕士点。其中，城乡规划、建筑学专业本、硕两个层次于 2008 年、2012 年、2018 年三次通过国家专业评估；城乡规划专业为湖北省重点学科、"985 工程"建设学科，在综合应用 GIS、遥感技术和计算机技术辅助城市规划方面，受到同行高度认可；艺术与设计实验教学中心为湖北省教学实验示范中心；人居环境数字工程技术研究中心为省级研究平台。学院现有教职员工 140 余人，其中教授近 30 人，学院在读本、硕、博学生规模近 1200 人。依托武汉大学齐全的学科门类和深厚的人文底蕴，历经近 40 年艰苦卓越的学科建设，学院逐步形成了人文化、数字化、国际化和创意产业化的"四化"研究特色。近年来，学院突出城乡规划学和测绘学、信息技术学以及人文学科的交叉研究，围绕国家信息化和城镇化的发展战略，形成了业界认可的学科特色。学院培养了大量知识面宽、专业基础扎实，实践能力强、综合素质高的全面发展的创新人才。

这套丛书的出版，目的在于服务国家重大战略需求，推进围绕"大设计"这一主题的规划、建筑、艺术等多维度的基础理论和研究范式创新，全面综合地展现近些年武汉大学和武汉大学城市设计学院在"大设计"方向长期、系统、全面的工作积累。面向城市发展所涉及的多学科交叉融合，面对诸多新兴前沿领域，尤其面对国家社会经济发展的重大需求，学院城乡规划学、建筑学、设计学等学科的教师合力组织编写完成了这套丛书，以此总结和推广城市研究、设计研究的最新前沿理论与研究成果以及实践经验，服务于中国城市健康与可持续发展。丛书主题涉及从宏观到微观的"大设计"各维度，如城市治理、城市老龄化、城市生态、半城市化、城市人、规划评估、数字规划设计、民族地区聚落建筑、设计思维、生活空间、产品设计等，强调全球视野和地域性特色的结合，突出中国国情和中国特色。希望丛书能为业界和学界同仁提供一些有益参考与借鉴。

感谢武汉大学城市设计学院的师生员工对于此次出版工作的大力支持。特别感谢王炎松、童乔慧、魏伟、牛强、蒲向军、谢波、罗巧灵、郭炎、邓俊、焦洪赞、胡晓青、楚东晓、周燕等教授和青年教师的参与和大力支持。作为综合性高校的规划设计教师和科研工作者，学院青年教师所面临的（来自评价体制的）"价值错位"和考核压力是实实在在的。希望这套丛书能为学院青年教师们记录下辛苦劳作的点点滴滴，铭记一段奋斗岁月。最后，特别感谢东南大学出版社徐步政、孙惠玉编辑对这套丛书的运作所付出的辛勤劳动。

李志刚

武汉大学城市设计学院院长，教授、博导

2019 年 1 月

前言

　　本书呈现了 2015 年暑期在武汉大学举办的"规划的混乱"Mapping 工作坊的成果。作为何志森老师在中国各大建筑院校发起的一系列工作坊之一，该工作坊旨在以 Mapping 的方式观察、记录和发掘武汉花楼街及周边区域的居民对日常空间的使用。该活动吸引了来自武汉大学城市设计学院 50 多名学生和若干志愿者的参与。工作坊作品曾以展览的形式在武汉大学城市设计学院和武汉大学万林艺术博物馆展出。本书将以图文并茂的形式更为全面、详尽地记录和展示同学们在此次工作坊中的学习、发现和感悟。

　　本工作坊所采取的 Mapping 的调研方法有异于传统的场地调查。传统的场地调查通常是设计师在一个特定的时间到一个指定的场地去记录场地所有现存的物理元素（比如建筑物、地形地势、植被、道路、水系、景观元素和其他一些肉眼可看见的场地条件），然后把这些信息变成一系列静止的场地分析图表（Map）。这个类型的 Map 其实就是场地现有或可见元素的一个汇总。它没有能力反映和记录场地内发生的故事、不同时间段中人的活动和个人的空间经历，也与最后的设计成果没有太大的关联。作为一种客观的表现手法，Map 忽视了场地中隐藏的关系，因而时常想当然地抹去了场地的复杂性和丰富性。在人的尺度上，这种调查和表现手法无法对一个场地或空间如何能以在不同方式被人使用、协商、即兴创作甚至"非法"占用进行思考，进而为使用者提供相应的空间策略。

　　与客观描述场地现有元素不同的是，Mapping 是一个连续观察和发现的过程，探索的是人在空间中的各种行为活动。它也是一个发掘场地的隐藏特征并真实呈现我们所居住的日常生活空间的过程。它记录了设计师在一个或多个不同场地内如何发现或者创造各种离散元素之间隐藏的关系，然后把这些关系带到设计中，最终产生更为人性、包容和灵活的空间形式。并且，与自上而下主导的 Map 不一样的是，自下而上 Mapping 的过程经常是在人的尺度上操作完成的。换言之，Map 上的元素是可见的、固定的、永久的、静态的。而 Mapping 的元素是不可见的、波动的、暂时的、动态的，是一种关系或一个系统——Mapping 是在 Map 的基础上挖掘 Map 上看不到的东西。

　　当然，Mapping 不只是一个带有探索性的表现手法，也是一个记录、推导、重组和创作的过程。它是一种带有独特议程的创造性行为，一种可操控和有效的设计驱动力。它更强调的是一个从"看见"和"注意到"到发现和介入的过程的形成。这给设计师提供了一种通过层层挖掘场地复杂性和丰富性来理解场地真实特性的方式。因此，Mapping 也是设计过程中一个很重要的战略部分——它很好地把分析式思考和设计创意放到了一起。

此次工作坊的考察区域位于武汉市汉口花楼街。花楼街是汉口保存时间最长的老街之一。清朝末年，汉口被辟为通商口岸。花楼街地处汉口华界与租界的交界，是商业兴盛、人口稠密的地带。清代叶调元的《汉口竹枝词》将花楼街旧景描绘为"前花楼接后花楼，直出歆生大路头。车马如梭人似织，夜深歌吹未曾休"。本地作家池莉也曾在小说《不谈爱情》中写道："武汉人谁都知道汉口有条花楼街。从前它曾粉香脂浓，莺歌燕舞，是汉口繁华的标志。如今朱栏已旧，红颜已老，那瓦房之间深深的小巷里到处生长着青苔。无论春夏秋冬，晴天雨天，花楼街始终弥漫着一种破落气氛，流露出一种不知羞耻的风骚劲儿。"直到今天，这里依然充满浓浓的生活气息，人声鼎沸，别具市井风情。和众多老街区的命运一样，花楼街自 1992年以来开始了更新换代的步伐，高层商业办公楼和住宅建筑正逐步替代老街区。所幸的是，这里还保留了一部分原汁原味的汉口老街道。如今这里看似混乱，却每日上演着生机勃勃而富有人情味的生活剧。正所谓："规划以外自有天地，混乱之中才是生活。"同学们也感言，当他们放下书本，真正走进这些街巷之时，方才发现薄薄的图纸背后生活的厚度。

在本工作坊中，前期的参与式跟踪观察，中期的头脑风暴、思维导图训练以及后期的制作、布展是三个重要的组成部分，因而包含了对学生们观察能力、思考能力、创新能力、交流能力和动手能力等几方面的训练。希望这种训练能够重新激活学生们上述本应具备却通常缺失的基本能力，从而成为传统的建筑学院派教学的一个有益补充。

本工作坊的意义同样在于给同学们提供一个不一样的角度以观察、理解和思考我们的城市空间和生活，并传递一种向平凡生活学习的价值观。我们希望让这些长期居住在象牙塔里的中国未来建筑师、规划师和景观设计师们抛开冰冷的电脑，卸下所谓的知识，走出校园，去了解最真实的生活，去关注最平凡的人群和他们背后的故事。只有这样，他们的作品才会更加人性、更为包容、更接地气。也只有这样，他们才有可能成为服务于各阶层人群的，有责任、有良心的公民设计师。

在这次活动中，武汉花楼街的居委会和居民们给予了我们无私的帮助。华中科技大学的汪原、万谦老师，以及武汉大学的张翰卿、张霞、舒阳和郑静老师作为嘉宾对同学们的作品进行了点评和指导。在此一并致以诚挚的谢意。

由于本次工作坊时间较短，同学们的成果中不乏观察欠细致、思考欠深入或表达欠清晰之处，同时，由于编者水平有限，浅薄疏漏之处在所难免，敬请各位读者批评指正。

何志森　张点　胡晓青

无论是路德维希·冯·米塞斯（Ludwig von Mises）的"计划出来的混乱"（Planned Chaos）还是爱德华·诺顿·罗伦兹（Edward Norton Lorenz）的"混沌理论"（Chaos Theory），都在表明这个地球上一切看似毫无关联的离散片段最终都会有序地汇合成一个整体。这也告诉我们：每一种混乱现象的背后都可能有一个看不见的规则和秩序。作为设计师，我们一定要了解这些隐藏在混乱表象背后的、自下而上的规则和秩序是如何而产生的，如何操作的，我们怎样才能从中学习它。

　　然而，当我们谈及日常空间中看似"混乱"的非正规实践时，却常将其与落后的发展中国家那些随意、即兴、非法和脏乱无序的都市现象联系在一起。很少有人会去讨论这些现象如何给我们设计师提供一种不一样的设计方法。这种对"混乱"的理解忽视甚至否定了城市日常空间背后的复杂性和丰富性。事实上，非正规实践完全不是一种放任或无序的都市现象。有些时候，混乱无序并不是问题，因为对于普通百姓来说，这是改造空间以更好地适应生活的机会。生活在城市里最为平凡的人们，作为城市空间最为重要的使用者，常常是卑微的、弱小的、边缘的，因而不被所谓的设计师所关注。然而，平凡并不代表没有力量。相反，平凡引发了生存的智慧——他们创造了自己的策略和战术去使用甚至改变我们的日常空间，腐蚀和颠覆既有的城市系统。这些隐藏在混乱之中的策略和战术，便是工作坊此次需要探究的主题。

　　基于这样一种对"混乱"的理解，此次"规划的混乱"Mapping 工作坊旨在通过对汉口花楼街及周边区域进行一系列调查研究，连续跟踪、观察和记录居住在其中的人，被忽略的物，以及那里发生的看似"混乱"的非正规活动，用 Mapping 的方式和蠕虫的视角自下而上地去发掘和理解"混乱"背后隐藏的空间策略和战术。这些策略和战术不仅有可能演变为设计师很好的设计工具，也可以给当今的城市设计提供更灵活和更人性化的策略，或者给自上而下的规划政策充当一种有价值的补充思路。当秩序和混乱能达到平衡的时候，我们生活的城市才能展示出那蕴含在传统街区里特有的活力和包容。

　　本工作坊包含五个步骤、三个尺度和三种角色的要求。

　　五个步骤：第一，选择一个目标（Object），可以是人，可以是动物，也可以是物体，越小越好；第二，长时间地跟踪、观察这个目标，把自己变成这个目标；第三，发现这个目标与城市之间的关系；第四，用图示方式呈现这些隐藏的关系；第五，布展（照片、视频、影片、情景图、拼贴、文字、模型、装置等多种媒介）。

三个尺度：每组学生需要从至少三个不同尺度（小、中、大）去发现和理解其选择的目标与城市空间的关系，即包含从最初始的目标的尺度和人的尺度到建筑尺度、街道尺度、社区尺度，甚至城市尺度的递进。通过从目标到系统的转变来进一步挖掘研究目标背后更大的运作网络。这种调查研究可以为设计师提供一个重要的跨尺度的角度去理解微小的事物是如何逐层影响城市里不同的区域和人的生活，而不被所谓的"建筑红线"或其物理边界所限制。

三个角色：每组学生需要在不同时段扮演至少三种不一样的角色，如跟踪者、观察者、分析者、小贩、城市管理者、设计师、制作者和策展人等。这种角色互换为设计师提供了不同的视角以理解城市和城市生活。每一组的学生将透过被观察者的眼睛来重新审视这个所谓"混乱"的街巷里不同人群的诉求，他们之间的博弈和自发的、草根的协调系统，以及由此而产生的空间策略与在地智慧。这种参与式 Mapping 研究需要学生们真正地与被观察者一同体验，因而有利于培养设计师一定的同理心。

因此，这注定是一场向城市中最平凡的居民学习的工作坊，学习他们如何在简陋而艰难的物质条件下创造出各种空间策略、生存战术以及日常协调系统，理解他们对日常空间所做出的无穷无尽的调整、适应与改变。花楼街成为一本很好的课外书，而绝非一个应当轻易被更新、改造甚至拆除的对象。

为了尽可能从不同方面了解花楼街居民的日常空间行为，50 多名学生被分为七个研究小组。每组的同学们会寻找并选择一个在街道里发现的特定的人、极其微小的物、使其感兴趣的小场所或生活小事件作为题目，并以此作为切入点，由小及大地去发掘一个属于花楼街自己的、不可见的、更为广阔和复杂的网络关系和生态系统。七个小组主题各异，分别是绷子床组、汤婆子组、板车组、照妖镜组、生姜组、小龙虾组和邵大爷组。本书后文将分组呈现同学们的成果。在成果展览中，各组的学生们以自创的形式去讲述花楼街里那些有关市井生活的、超级平凡普通的、常被我们这些所谓职业设计师们不屑一顾的小事情。当我们把街巷里人们日常生活中微小普通的事物和它们背后不寻常的故事拼贴在一起的时候，就会清晰地看到老街里极其丰富的人间百态，辨识出"混乱"之中隐藏的空间密码和民间智慧。

粗糙的手指穿梭棕绳的经纬，
缝补妈妈婆婆们的饭后茶余。
瓜子皮和着碎语闲言，
蒲扇扇出巷边的凉意。
永久自行车转转弯弯，
肉糜汤勾起口水欲滴。
"修绷子咯！""修绷子咯！"
吆喝声钻进阁楼枕边。
形单影只的木头箱匣，
明年夏天，一定记得，
带来乡里妹妹的消息。

01

绷子床组

我们身处林立的高楼大厦中，我们成长在千篇一律的筒子楼里，我们常常感叹邻里关系不如以前，我们往往不知道对面的邻居是谁……为什么在老街区中邻里氛围能够那么和睦，除了常常被提到的街巷与建筑的尺度，是不是存在一种无形的东西牵引着人们的日常交往呢？

绷子床就是这样一种物件。

背棕绳的人

在花楼街，有这样一群人进入了我们的视野——他们背着木头箱子，上面绑着密密麻麻的绳子，或在菜场附近等候，或走街串巷，用我们听不懂的武汉话吆喝着。

好奇地跟着其中一位大爷，穿越了花楼街曲曲折折的大街小巷，又来到附近的另一个社区。他似乎对这里很了解，像是经常来，虽上了年纪，但步伐矫健从容，吆喝声清脆悦耳。出了社区，急忙跟上他。他和颜悦色地介绍他的工作——修绷子床。他说，一般只有老社区的居民才会睡绷子床。绷子床由棕绳编制而成，但是容易虫蛀，所以要进行修理。他背着的就是修床需要的棕绳。而后来才听清，他一路吆喝的正是"修绷子床咯"。

绷子床，这一新鲜的物件立刻引起了我们的兴趣。它的背后究竟有怎样的故事？我们决定一探究竟。

一张床引发的社区活动

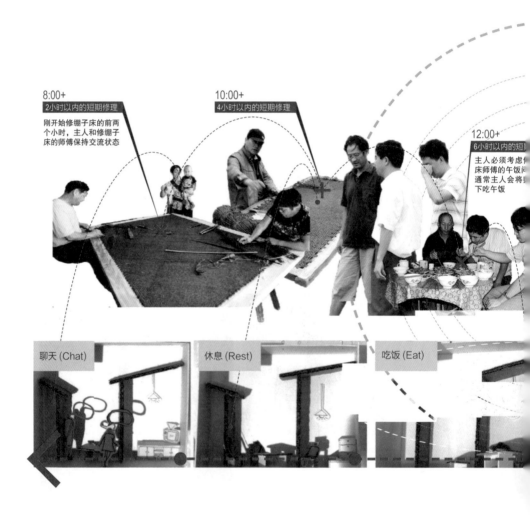

8:00+
2小时以内的短期修理
刚开始修绷子床的前两个小时，主人和修绷子床的师傅保持交流状态

10:00+
4小时以内的短期修理

12:00+
6小时以内的短期
主人必须考虑修床师傅的午饭问题，通常主人会将剩下吃午饭

聊天 (Chat)

休息 (Rest)

吃饭 (Eat)

通过对社区居民的采访，我们了解了在老城区修理绷子床的场景，并对修理时绷子床如何联系各个人群之间的关系，以及他们之间将发生怎样的活动有了兴趣。我们发现：修理一张绷子床需要 1—5 个小时。修理时，对场地的大小有一定要求。由于老社区家中狭隘，而且修绷子床需要洒水、除尘，会给主人家带来麻烦，因此需要将绷子床搬到门口的巷道或者庭院中进行修理。这时，附近的居民会前来围观。绷子床的主人也会在一旁监督，偶尔和修绷子床的人聊聊天，送上一杯茶，有时也会留他吃午饭。修绷子床的时候，如果有板车或者大型车辆经过，修绷子床的师傅便会将其立起靠在墙上，退让出一个通行的空间。若有行人骑自行车通过，行人便将自行车徒手举过头顶，用这种方法通过本已拥挤的巷道。

可以说，绷子床在无形地，但也必然地联系着社区的邻里关系。

走近绷子大叔

街头巷尾随处可见断线未续的绷子床，然而自从上次跟踪的失之交臂，组员们连续两天的守候也没有等来修理这些绷子床的师傅。走投无路的我们开始沿路询问要去哪里才能找到他们。经过大量的询问，三条线索悄然浮出水面——公厕、铜人像和唐蔡社区。

据说，修绷子床的师傅一般在 7 点至 8 点就会来到公厕附近等待生意，但是我们一直等到了 10 点左右也不见修绷子床师傅的身影。焦急的我们不得不向周围的街坊邻居求助，他们给了我们一个修绷子床师傅的电话号码。拨通了电话我们才知道，原来今天师傅已经在硚口区接到了一单生意，正在居民的家里修绷子床。

等我们赶到的时候绷子床已经大致修好了，师傅正在做最后的清理工作。看到我们这么热心，修绷子床的师傅重新给我们演示、讲解了一遍修绷子床的过程。原来将绷子床搬到街巷里面是老城区的做法，由于现在一般人都是住小区，不方便将绷子床搬到室外，因此我们现在很难看到传说中的 20 多个人围着修绷子床师傅（以下简称"绷子大叔"）的画面了。

通过采访，我们了解到绷子大叔每天 6 点半起床，7 点便来到老社区的公厕周围。公厕是平日里花楼街买卖吃喝最热闹的地方，清晨 6 点的时候已经是行人如梭。菜贩是这条街 9 点以前名副其实的主人，1 m 左右的门前踏步便是他们的一片天地。与他们相依为生的是伫立一侧的绷子大叔，木箱里捆着几把棕绳，这便是最好的招牌。一个早晨难得有一次询问。"我们家有绷子床要修，师傅您修一次多少钱？"生意来临之时便走至菜摊靠内一侧，细细说来，最后是定好时辰并交换号码，这一桩生意便是成了，这时菜贩会抬起头和师傅会心一笑："来包黄鹤楼吆！""肯定的，肯定的。"

然而事情总不会太圆满，8 点一到，城管们开着白色一街宽的车，贴着标语，端着喇叭，耀武扬威般粉墨登场，总要拽了哪个阿婆没来得及收走的青菜，或者是踢翻几个盛了土豆的箩筐。而这时摆菜摊的人们早已放弃花楼街转至周围深巷去了，连体婴儿般一同撤离的还有绷子大叔。

一包烟的交情之外，更多的是漂泊在外的互相扶助，在城管的警棍面前，这些来自异乡的人们不自觉地站在了一条线上，相偎取暖。

9 点半，绷子大叔开始走街串巷，从一个社区到另一个社区。12 点，他们便乘公交车回家了。因为下午居民会午休或者打麻将，没有时间修理绷子床。在以前，家家户户都有绷子床，所以生意很好，有时他们能干上一天。

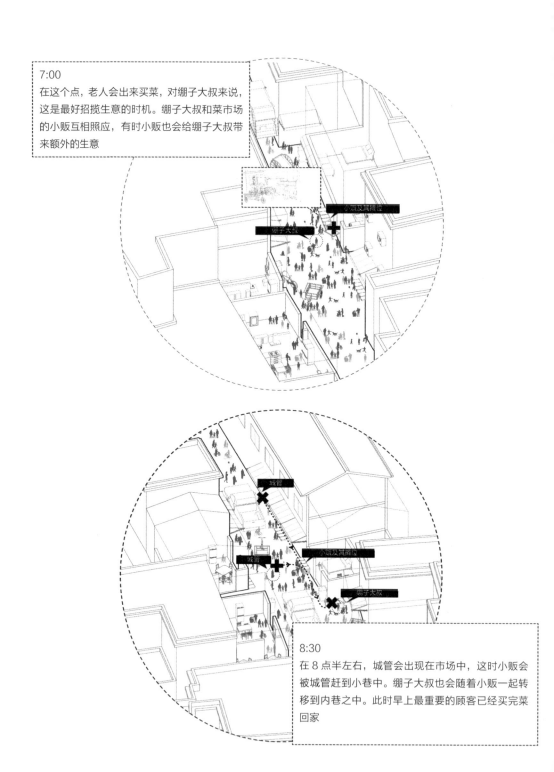

7:00
在这个点，老人会出来买菜，对绷子大叔来说，这是最好招揽生意的时机。绷子大叔和菜市场的小贩互相照应，有时小贩也会给绷子大叔带来额外的生意

8:30
在 8 点半左右，城管会出现在市场中，这时小贩会被城管赶到小巷中。绷子大叔也会随着小贩一起转移到内巷之中。此时早上最重要的顾客已经买完菜回家

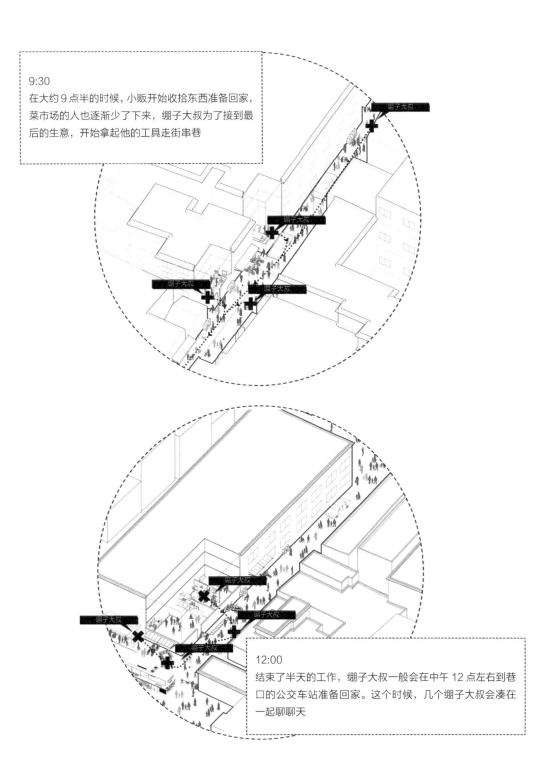

9:30

在大约 9 点半的时候，小贩开始收拾东西准备回家，菜市场的人也逐渐少了下来，绷子大叔为了接到最后的生意，开始拿起他的工具走街串巷

12:00

结束了半天的工作，绷子大叔一般会在中午 12 点左右到巷口的公交车站准备回家。这个时候，几个绷子大叔会凑在一起聊聊天

从铜人像到走街串巷

铜人像的事情要从 30 年前讲起了，那个时候还没有空调房或者单元楼，赤膊的人们搬出凉床聚在里分里吹着江风，男人们津津有味地侃着三国故事，女人们手执蒲扇聊着闲话。那个时候绷子床还正紧俏，老城还在生机勃勃地讲述生活中油盐酱醋的故事。

孙中山铜人像位于汉口老城的中心地带，五街相接的交叉口可以算得上车水马龙。泥瓦匠、木工、水电工当然还有修绷子床的，全都是从乡下贫瘠的土地里动身，背着一家人的生计，熟人带熟人的慢慢尝试在武汉这个偌大的城市里寻一份养家糊口的工作，找到一处遮风避雨的落脚地。那个时候修绷子床还是家常便饭，师傅就聚在铜人像下，装着棕绳的木箱上摆着用毛笔一笔一画写的"修绷子床"四个大字。一天总有几个附近的居民出来谈好生意，那个时候一天可以修四五张床。城市化的进程渐渐加速，旧城改造缓缓蚕食着老城区，人们从两层楼的大院搬到了高楼大厦，绷子床在拆迁中被遗弃在一片废墟中。渐渐的，铜人像下的生意已经支付不起农村里一家人的粗茶淡饭，师傅们开始深入老城集聚的街区中，花楼街便是他们在江汉区的最后一个据点。修理的人们正在老去，绷子床也即将淡出历史舞台，但木工、泥瓦匠还顽强地存活在花楼街街头，谁也不知道他们还可以坚持多久。

除了惊叹于一个老城对于进城农民的包容力，我们逐渐站在这些手艺人的角度开始反思：他们是真的应该被历史淘汰，还是过于仓促的城市化使得我们丢失了淳朴的天性？

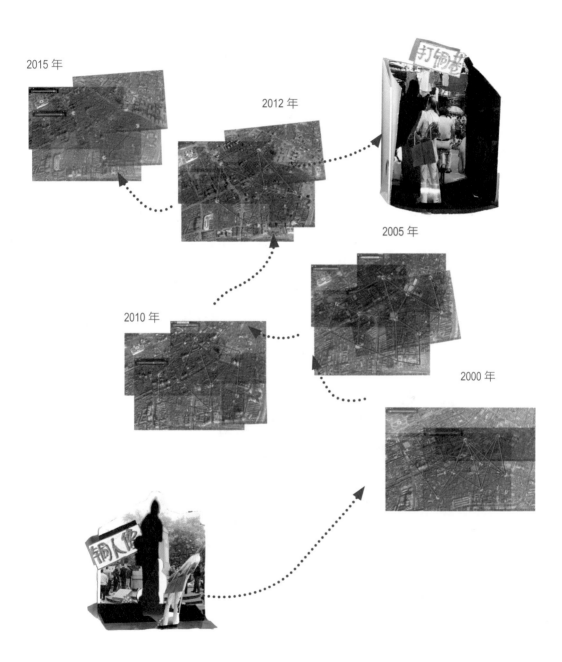

2015 年

2012 年

2005 年

2010 年

2000 年

大聚集→小聚集→大分散

从黄陂到武汉谋生

唐蔡社区的秘密

上午我们在花楼街和那些从小生活在这里的大爷大妈闲聊，得知这些修绷子床的老师傅以前几乎全是武汉绷床厂的老职工，而这个家具厂在多年以前已经倒闭。一位大妈向我们介绍了家具厂职工宿舍现在的大致位置。

在得知这个消息后，我们一部分组员来到远离花楼街区的唐蔡社区。由于阿姨所给的地点较为模糊，并且该区域的流动人口较多，许多老一辈人也对这个地方一无所知。经过一番波折，我们终于找到了原武汉绷床厂的职工宿舍，并有机会和一位该厂的退休大妈交谈。她告诉我们，绷床厂原本作为武汉家具厂的一个部门，在20世纪末，曾经分离出去一部分人员到百货大楼公司。后来到了2003年，由于市场经济，原本的武汉家具厂开始实行买断下岗制度，武汉绷床厂便随着使用者越来越少而不复存在了。而那些下岗的老职工虽然有固定的退休金，但是由于对老城区的熟悉和热爱，他们仍旧坚守在这个岗位，利用自己的闲暇时间修理绷子床。对他们而言，制作和修理绷子床这门手艺是他们生存的根本，也是陪伴他们一生的伙伴。

我们在回去的途中发现这附近的几条街全部都是家具店（也包括二手家具店），而在不少二手家具店里都有废旧的绷子床出售。我们问了几家二手家具店的老板，得知他们以前也是修理绷子床的，他们是在20世纪80年代从黄陂等地来武汉谋生的。当时由于绷子床的使用人数较多，他们能够盈利。但随着使用人数的减少，他们便开始另谋出路，在这附近开起了家具店，也因此形成了武汉家具一条街。

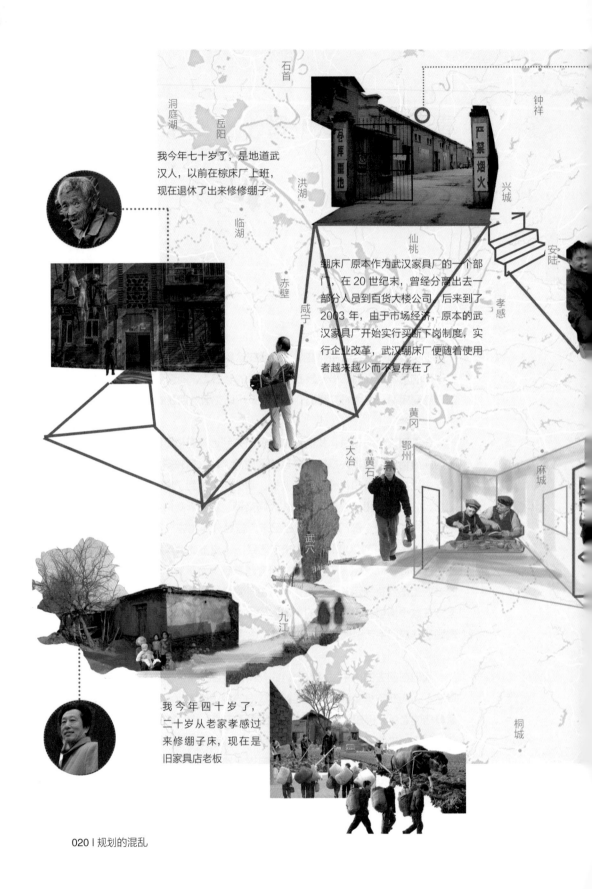

我今年七十岁了，是地道武汉人，以前在棕床厂上班，现在退休了出来修修绷子

绷床厂原本作为武汉家具厂的一个部门，在 20 世纪末，曾经分离出去一部分人员到百货大楼公司，后来到了 2003 年，由于市场经济，原本的武汉家具厂开始实行买断下岗制度，实行企业改革，武汉绷床厂便随着使用者越来越少而不复存在了

我今年四十岁了，二十岁从老家孝感过来修绷子床，现在是旧家具店老板

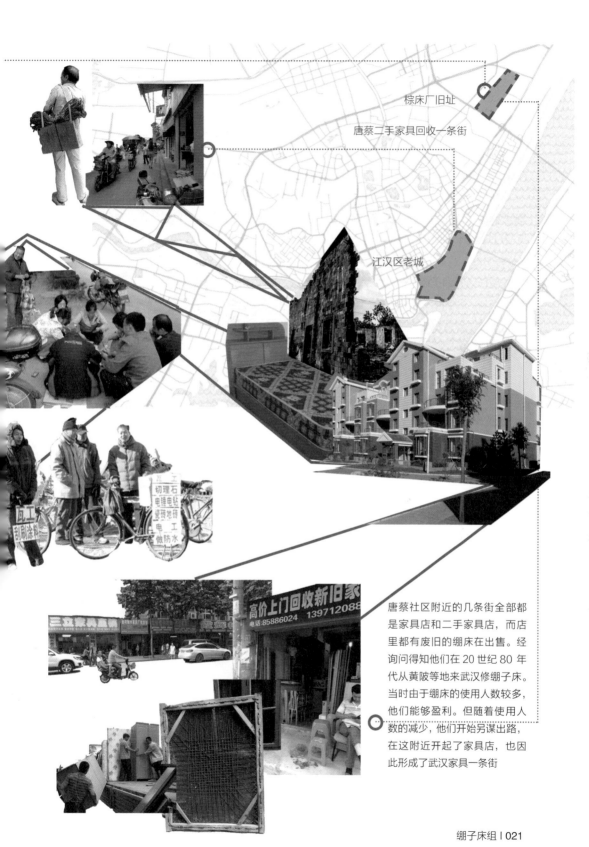

棕床厂旧址

唐蔡二手家具回收一条街

江汉区老城

唐蔡社区附近的几条街全部都是家具店和二手家具店，而店里都有废旧的绷床在出售。经询问得知他们在20世纪80年代从黄陂等地来武汉修绷子床。当时由于绷床的使用人数较多，他们能够盈利。但随着使用人数的减少，他们开始另谋出路，在这附近开起了家具店，也因此形成了武汉家具一条街

只有一个地方生产绷子床

　　我们从绷子大叔那里得知，位于昙华林得胜桥的一家家具店是武汉仅剩的仍然生产绷子床的地方。我们一行三人乘车前往，老板热情地接待了我们。根据负责人介绍，绷子床于三四十年前比较普遍，虽然在当时的价格不低，但几乎家家户户都拥有一张。

　　但在询问绷子床现在的使用状况时，负责人表示，随着时间的发展，绷子床正慢慢退出市场。如今仍然在使用绷子床的只有两种人：一是以前历史城区遗留下来的老居民；二是生活比较富裕的人，但为数不多。负责人透露，木板床和席梦思的出现是导致绷子床减少的重要原因。因为木板床和席梦思的制作效率比较高，而且在价格上占有优势。

[旁观者] 张大爷　　等待绷子大叔修理

让一让
让一让！

这下得帮
忙搬了……

一个修理过程
集合的"街坊"

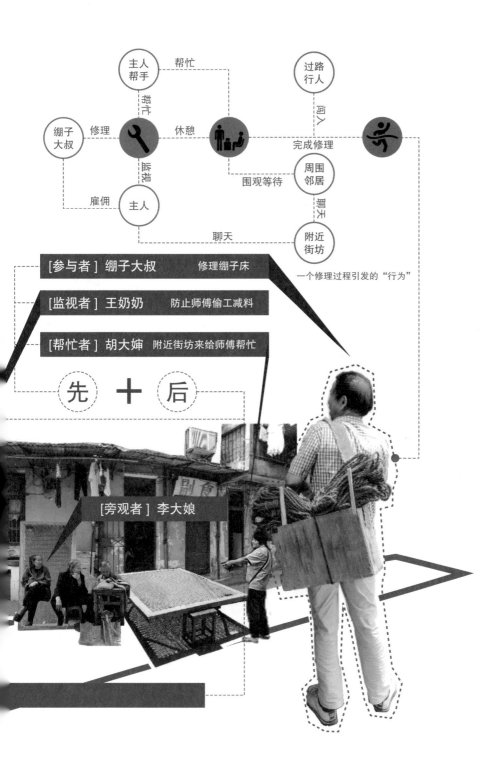

主人帮手 — 帮忙 — 过路行人

帮忙 — 向人

绷子大叔 — 修理 — 休憩 — 完成修理

咨询 — 围观等待 — 周围邻居 — 聊天

雇佣 — 主人 — 聊天 — 附近街坊

一个修理过程引发的"行为"

[参与者] 绷子大叔　　修理绷子床

[监视者] 王奶奶　　防止师傅偷工减料

[帮忙者] 胡大婶　附近街坊来给师傅帮忙

先 ＋ 后

[旁观者] 李大娘

神奇的 "让电" 制度

我们重新走了一遍绷子大叔在社区中行走的路线，试图寻找他们出行的规律。机缘巧合下碰到一位大爷，他和很多修绷子床的人都是朋友，因而他对修绷子床的人十分了解。

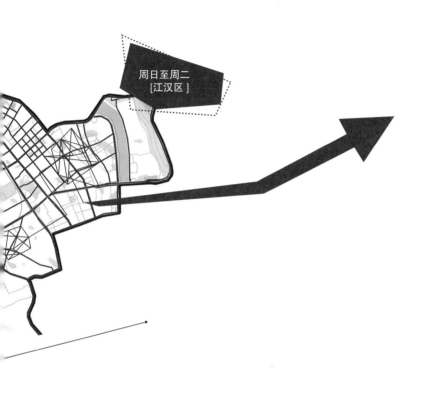

周日至周二
[江汉区]

周六
[青山区]

　　我们从他那里得知，武汉在 20 世纪 70 年代以前由于经济不发达，有一种"让电"的制度，即武汉的几大城区会在每周的一天或几天停电，将电让给其他城区。这一天，该城区的居民会放下工作进行内务整理。这时，修绷子床的人便会来到这个城区进行修理。由于流动工作可以深入各个社区，改革开放后虽然没有让电制度了，但这种工作形式却依旧保留至今。所以现在，我们仍然可以看见修绷子床的人周日到周二去江汉区，周三去硚口区，周四去武昌区，周五去江岸区，周六去青山区。也难怪我们在周一、周二在花楼街看见很多修绷子床的人，而周三他们却出现在硚口区！现在我们明白，这一切都不是巧合。

绷子床：连接老城区的纽带

今天我们将一张废弃的绷子床从花楼街运回了学校，结束了调研工作。布展工作也渐渐拉开序幕。从发现修绷子床的人，到探寻这一类人、这一行为背后的故事与规律，我们从设计师

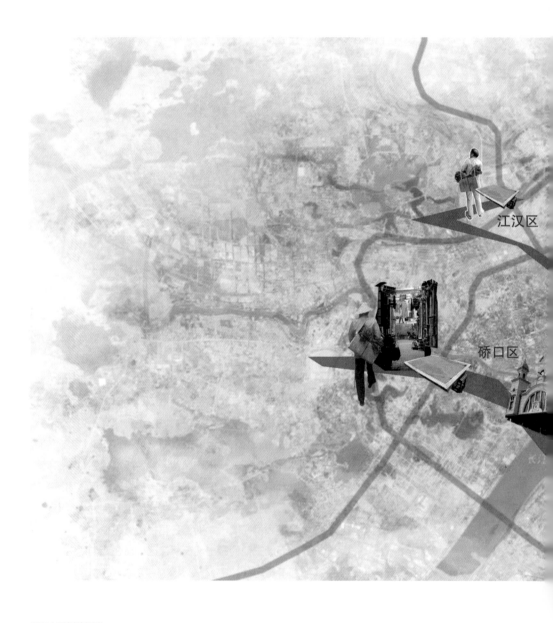

转变为侦探、跟踪者、城管……我们从花楼街，走向唐蔡社区、硚口区，又放眼整个武汉和中国。

可以说，一张绷子床，承载着老城区的历史，也联系着各个老城区。

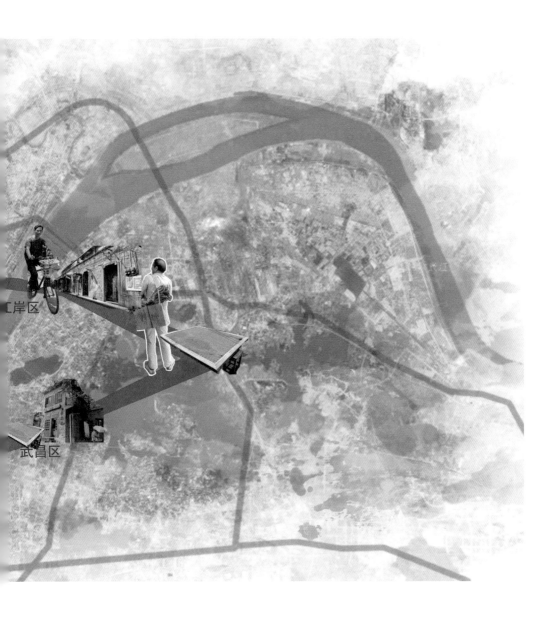

三种尺度

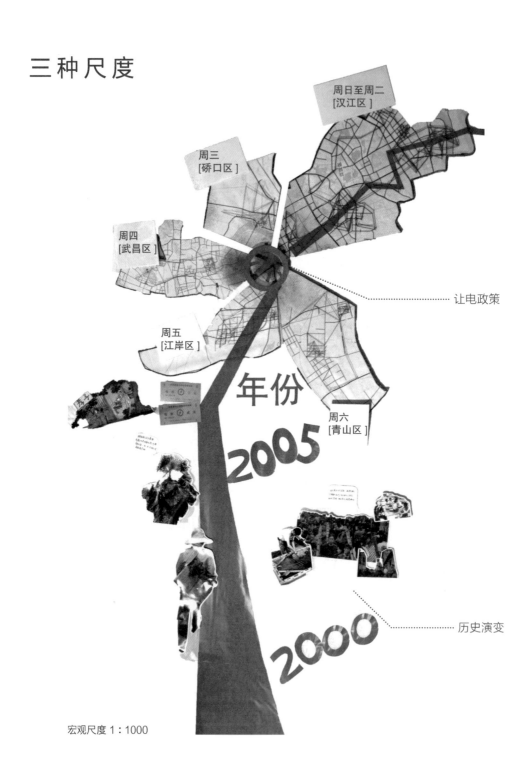

周日至周二
[汉江区]

周三
[硚口区]

周四
[武昌区]

周五
[江岸区]

让电政策

年份

周六
[青山区]

2005

历史演变

2000

宏观尺度 1：1000

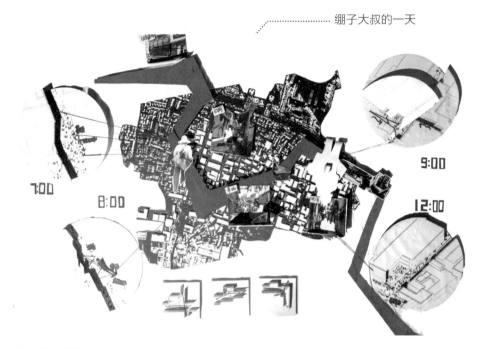

绷子大叔的一天

7:00

8:00

9:00

12:00

中观尺度 1∶100

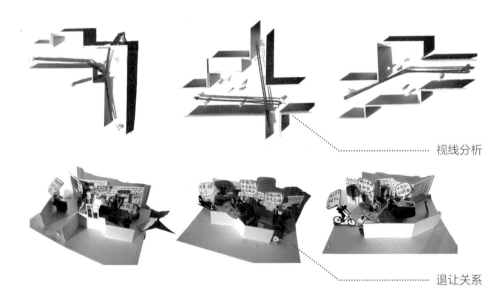

视线分析

退让关系

微观尺度 1∶1

尾声

　　布展当天，我们的绷子床很聚人气。很多来观展的人都坐在床上聊天、休憩。
一时间，观展空间变为一个小型社区。这就是绷子床的魅力。

感 言

事物背后的关系远比它的表象来得精彩。

——陈祺龙

我们在 Mapping 的过程中，改变了固有的思维模式，从一种高高在上的调研方式，转变为平等谦卑的姿态。以一颗善于发现的心去探寻这一平凡物件背后的不平凡，也找回了对这个城市最本真的热爱。

——孙思雨

作为一种即将被淘汰的老物件，绷子床正在艰难地适应着这个社会，也许几年以后我们就再也见不到绷子床的身影，听不到小巷中传来的一声声吆喝。我们没办法说这种变化是好是坏，但谁能说这不是一种遗憾呢？

——姚竹西

连接老社区感情的东西可能是物，也可能是一种行为。绷子床和修绷子床的行为，正是连接着武汉各个老社区感情的纽带。

——叶子建

逝去的绷子床带走了逝去的文化与交流，这固然遗憾，但相比于哀悼已然逝去的，不如去发现并珍惜现在我们所拥有的，保护我们这一代人的情感载体。

——廖炬俪

在这 10 天里，我从一个普通使用者的视角来观察场地里人们的日常生活，发现生活中处处是设计和创新。在深入挖掘每一个点后，会发现它在这个社区中的存在是很重要的，也是必不可少的。由此，我对设计的理解也不一样了。

——唐丽玄

每一个平凡的人生都是一个时代的印记，而每一个普普通通的我们却又构成一个个时代。从一个平民的辛酸苦辣中可以了解我们这个世界的过去、现在以及未来。

——孙晨晨

川流不息的人群，
变化的五色灯光。
铿锵有力的打铜声，
渐消渐远在这街巷。
被窝里汤婆子的余温，
清爽新晨的面庞。
几个平方，一间铜铺，
坐下来，听我讲，
爸爸那个年代，
温暖的过往。

02

汤婆子组

在和花楼街胡祥兴自造铜货作坊的胡师傅交往的几天中，我们发现这百年老店看似简单的布置，却隐藏着空间使用的智慧：高亮的黄铜器搁在门口吸引过客；铜板的位置让光线进入室内；地上一块砖的摆放可以让手臂借力从而够到铜料；作业时的身体高度避开要出售的商品；铜料的位置恰好符合店面的尺寸……所有看似随意的细节背后，都有着长久积累下来的生活经验。

虽说打铜文化在这条街已经没落，但当我们拿着汤婆子走街串巷时，许多社区居民都围上来和我们讨论，好像这个器物承载着一代人的回忆。凭借从他们口中得知的零散片段，我们拼凑出了整个打铜街的变迁。

在花楼街偶遇的汤婆子和打铜街那段傲人的历史，带给了我们难忘的10天。让我们深有体会的是，真实生活背后隐藏的智慧与逻辑也许不算是什么前卫的理念，但就是它们潜移默化地影响着我们的城市、建筑的变迁，影响着这个城市里平凡百姓每一天的生活。

街道的共鸣：发现汤婆子

挂在墙上的铜器

　　穿过万达商业街到花楼街，另一种生活气息让我们期待万分。在这里，社区是一个整体，人们互相认识，由一段段故事牵连着人们的关系。故事里面的汤婆子（捂脚壶），就是我们观察发现之旅的起点。

　　第一次来到花楼街我们只是四处闲逛，随意走进一个圆拱门，蹲在地上逗那儿的一只猫。起身回头，突然被拱门后挂着的一排铜器所吸引，蒙着灰的黄铜在日光下闪着古朴的光泽，一下子把我们带到了旧日的时光。那一幕好像老电影里的场景，让我们不由自主地拍下了照片。

　　晚间和其他同学共同讨论时才发现，原来这里有条街叫打铜街。从几百年前到现在，这里居然有着一段跌宕起伏的打铜历史。打铜街清末兴盛一时，但随着工业化家用电器的普及，价贵的铜器不再是唯一的选择。现在的打铜街上，只剩下零星几家铜器店。

我们找到的汤婆子

胡师傅在花楼街的作坊店面

抱着一肚子期待与疑问，第二天我们去探访了胡祥兴自造铜货作坊。胡师傅告诉我们，现在这里卖得最好的就是汤婆子，每年冬天还是会有很多人来买。这个圆圆的汤婆子又叫捂脚壶，将其灌满热腾腾的开水，用毛巾裹住捂在被子里，即可送男女老少进入温暖的梦乡。第二天清晨，把它肚子里依旧温热的水倒在盆中，用来刷牙洗漱可以保养皮肤。

胡祥兴老店里曾经的老师傅已经离世，现在守店的胡师傅是他侄儿。胡师傅说："要是花楼街拆了，自己这个活也不想再干了。"他们不会做广告或者用网络宣传自己的手艺，完全靠口碑，所以他觉得假如再开一家店，可能就没有这么旺的名气。曾经有记者采访胡祥兴店里的老师傅，老师傅说手艺到他这代可能就断了，但他并不忧伤，他觉得一代人有一代人的活法。

如今的打铜街只剩下半条。沿着窄小的巷子往前走，有果摊、小报摊、包子铺、杂货铺、各式的早点推车。再往前走，巷子突然断了，高楼林立的现代化城市出现在眼前，一派崭新现代的气息。新城和旧城无缝对接，在这条隐形的边界上，每天会发出怎样的碰撞？也许再过几十年，旧城就会被新城取代了。

一块砖能干什么：打铜作坊 1:1 视角

　　一切始于一个再普通不过的 5 m² 不到的房间和一门已近失传的手艺——打铜作坊的故事。它的空间很小，仅 1.4 m 的净宽，减去凳子、工具筒以及作业时需要的舒适空间，足以限定铜板的尺寸。

　　一块砖能干什么？一块不起眼的灰砖能让师傅借力够到较远区域的铜料，使师傅在空间中的活动更加灵活自由。师傅在小空间中挪出两块位置用于展示铜器以吸引来往人群，分别是台面上靠近门面的部分以及视线高度附近的区域，这些地方师傅会优先放置黄铜——在较暗的背景中黄铜更为显眼。为了不挡住铜器，师傅选择将工具以及铜板置于地面上，同时将作业区域前置，紧挨着门面之后，这样的布局使得铜器的反光能将外部的自然光引入长进深的室内，也使得敲铜的声音靠近街边，引起路人的注意。

　　我们注意到，师傅在下料的时候一直蹲着，下料过程一般比较长，长期的蹲姿不会引起膝盖的疼痛么？基于这样的疑问，我们亲身体验了下料的过程，发现了下料的时候蹲着的好处——一是更利于够到各个工具，二是身体不会挡住台面上的展示铜器。同时对于初学者来说，身体直接接触地面的方式，借助重力与地面的反作用力更容易剪断较硬的铜料，会更省力一点。长

从门口看去，铜器闪闪发光

在较暗的背景中黄铜更为显眼

工具以及铜板置于地板上

期习惯蹲姿以后，小臂的用力会将人疼痛的注意力由膝盖转移至小臂，并不会注意到膝盖的疼痛感。亲身下料的视角带给了我们更多之前不曾注意到的事：下料时只需轻微抬起铜板的一角，由于铜板上的尺规划痕凹槽造成高光位置的偏移，在合适的位置会看见所放样的线是一条闪光的亮线，更有利于下料的准确性。出于省力的目的以及铜板在狭小空间内移动受限的原因，师傅会选择一条最省力的脚步"移动路线"，在这条路线上，师傅基本能保证剪料容易的同时又有齐整的边缘。

我们从一个金属匠那里偶然发现了工具和空间的使用意义

胡师傅使用的打铜工具

师傅会选择一条最省力的脚步移动路线

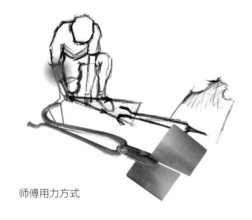

师傅用力方式

师傅的用力方式：
借由小臂发力，由手掌将力传导至剪刀上剪断铜板，主要发力部位为小臂

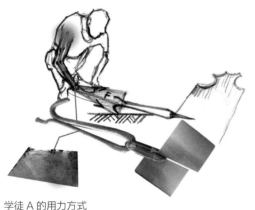

学徒 A 的用力方式

学徒 A 的用力方式：
借由大臂摆动与地面的反作用将力传至剪刀上剪断铜板，主要疼痛部位为大臂

学徒 B 的用力方式：
借由小臂与地面的反作
用力将力量传至剪刀剪
断铜板，主要疼痛部位
为小臂

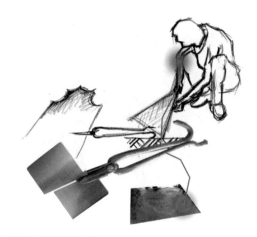

学徒 B 的用力方式

学徒 C 的用力方式：
借由身体的上下摆动与
地面的反作用将力传至
剪刀剪断铜板，主要疼
痛部位为膝盖

学徒 C 的用力方式

　　我们发现，这些微小的举动或多或少都是相互关联着的，
师傅用各式各样的技巧弥补既有空间的不足，由此我们得以窥
见一位普通的匠人栖居的智慧以及生活的无限可能。

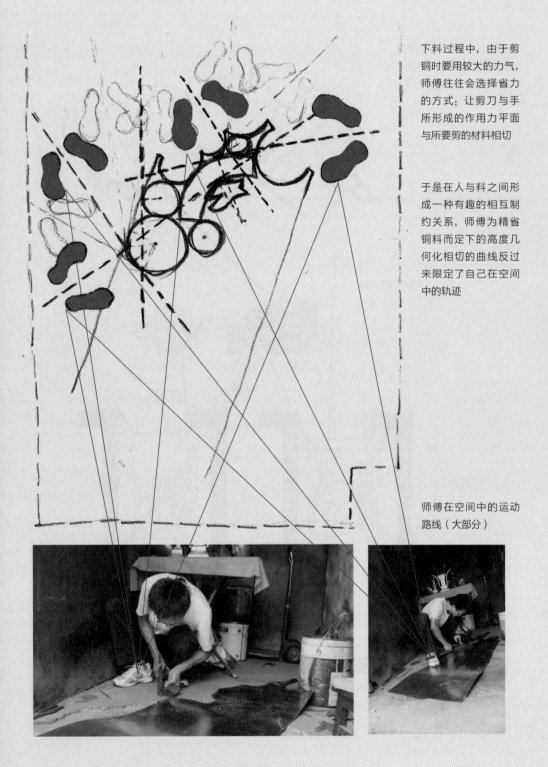

下料过程中，由于剪铜时要用较大的力气，师傅往往会选择省力的方式：让剪刀与手所形成的作用力平面与所要剪的材料相切

于是在人与料之间形成一种有趣的相互制约关系，师傅为精省铜料而定下的高度几何化相切的曲线反过来限定了自己在空间中的轨迹

师傅在空间中的运动路线（大部分）

师傅迈出一小步以拿到较远的废料，然而身体会失衡，这时会借用近处角落一块不起眼的灰砖

作业配置图

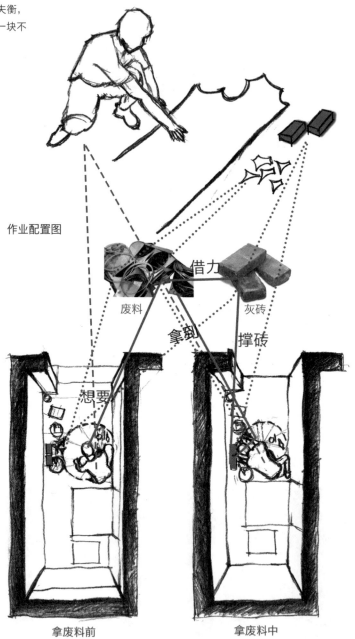

废料

借力

灰砖

拿到

撑砖

想要

拿废料前

拿废料中

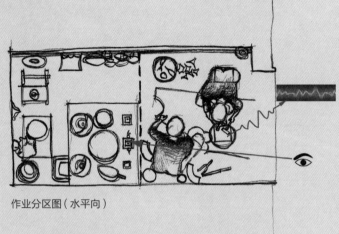

作业的分区存在于空间中的两个向度：水平分区（前中后分别为作业区、售卖区和储藏区）和垂直分区（上部售卖、下部作业）

作业分区图（水平向）

水平分区上，师傅让作业靠近门面，使敲铜声传到街上，吸引人群；垂直作业上，吸引人眼球的售卖区与工作区不会相互干扰

作业分区图（垂直向）

工具筒

下料区

下料

成材堆放

打铜工作台

打铜

砖

废料

废料堆放

原料

黄铜 H6. 1500×600
d. 0.8, 1, 1.2, 2, 2, 4
红铜 M6. 1500×600
d. 0.8, 1, 1.2, 2, 2, 4
d.

原料

1500

600

9:00

单位：mm

下料时铜板上划下的曲线与周
围区域相比更亮

抬起铜板末端，铜板卷曲程度
较大时，高亮区位于铜板的其
他区域，凹槽反射光不会直射
入眼内

抬起铜板末端，铜板卷曲程度
较小时，高亮区位于铜板凹槽
区，其他区域的光不会直射入
眼内

胡师傅的一天

7:30 左右胡师傅从店铺旁巷子里的家中出发来到旁边的刘记热干面过早（吃早饭）。之后便将家（同样是仓库）中的铜器带到店铺。在炎热的夏天里胡师傅的一天主要是在看报纸、与朋友聊天中度过，偶有来买铜器或者参观的人，胡师傅便与他们进行交谈，天气凉爽时就做一些下料的工作。夏季天气热，很多退火的工作不好做，来买铜器的人也不多，14—15 点的时候就会去汉口江滩散步 2—3 个小时，晚上便到位于菱角湖万达附近的老父亲家中看看，然后再回到花楼街的家中。我们发现胡师傅一整天的工作与生活是在整个城市的尺度上进行的。

我们还发现胡师傅的工作与生活随着四季的变化也有所变化。冬天天气冷，方便做退火的工作，就在家中与店里多做些铜器。夏天天气热，在店里做些不用烧火的工作，铜器做得少些，多是卖冬天做好的铜器，由于工作量小，便有更多的闲暇时间。

城市的地图不仅仅是我们看到的地图，城市中的每个人每天每年都有着自己的生活轨迹，正是千万人们的生活轨迹交织在一起才有我们的城市生活，才有我们极具鲜活生命力的 Mapping。

7:30

买热干面过早，在报摊上拿份报纸

12:00

14:00

去江滩散步 2—3 个小时

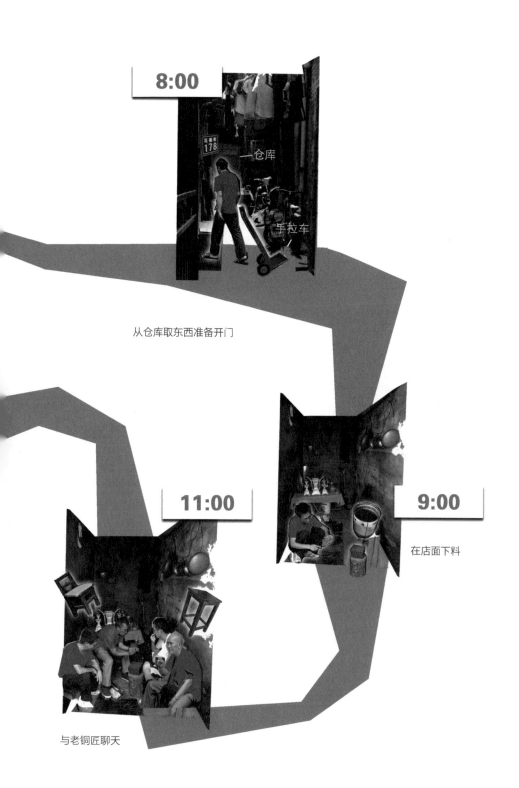

8:00

仓库

花墙街178

手拉车

从仓库取东西准备开门

11:00

9:00

在店面下料

与老铜匠聊天

民生

民权路

打铜街

统一街

01—胡祥兴自造铜货作坊
02—胡师傅仓库
03—刘记热干面
04—公共卫生间
05—徐记凉面
A—潮翼金属行（金属回收）
B—绿色回收站
C—大蔡（新）回收站
D—清芬第二回收站
E—花楼回收站
Li—李记金属制造

菱角湖公园

01 花楼街 / 铜货作坊
02 菱角湖 1911 / 胡父家
03 汉口江滩 / 散步
04 民意一路 / 江南金属材料有限公司

02

01

04

花楼街

祥兴店号传百年：胡师傅与老作坊的故事

几乎方米的小黑屋门前有块红色标牌格外显眼，上有"胡祥兴自造铜货作坊"字样。开始我们以为这家打铜作坊的师傅就是胡祥兴。上前询问，才知这是他们家老作坊的店号。胡家从清朝咸丰年间就开始从事打铜行当，"祥兴"两字是从民国他们家搬到武汉就开始用了。

我们一听这可是有历史、有来头的老店，而且按照老的不成文的规矩，牌子上有"自造"的才是正宗的打铜手艺作坊，其他的都是"半瓢水"，于是兴致盎然地跟师傅聊起了他们家的陈年往事。

跟我们聊的这位胡师傅是坚守花楼街的老铜匠胡昌桃老人的侄子。网上有许多关于胡昌桃的采访报道，他是胡家打铜行当的正宗传人，30多年坚守花楼街，只是前两年不幸去世了。胡师傅小时候也跟他学过，后来没干这一行，伯伯老了，他就来接伯伯的班。

　　我们调研这几天，几个人分工，有人在胡师傅身边听他讲故事，有人在网上查资料，有人走街串巷问问街坊四邻，最后整理出来一个关于胡昌桃叔侄和"胡祥兴"店号的小故事。

胡昌桃老人和他的作坊

胡昌桃先生在打铜街打铜，店号为"胡祥兴"。胡家从清咸丰年间就开始制铜，到他已经是第五代，儿子、侄子（胡师傅）从小跟他学手艺

胡昌桃先生管教非常严厉，儿子、侄子（胡师傅）因有别的想法，先后离开了他

曰：从清朝到当代，昔日的辉煌，如今的无奈。

故事由胡昌桃说起：

师从叔伯，技艺精湛，店号"祥兴"，为人赞叹。

曾经侄、儿左右，以技艺相授，未能成器，各自奔散。

从打铜街到花楼街，周折良久，终于重振旗鼓，续写"祥兴"佳传。

街坊四邻，来往不断，名声赫赫，驰骋中外。

然而30多年，铜业日下，铜声零星，顾客稀疏。

灯具厂、装潢公司，侄、儿辗转各处，老人独守作坊，甘为清苦。

侄子家中失火，从硚口到菱角湖。

老人不幸又患中风，病魔缠身，气力不足。

铜声何去处？

侄子归来，师徒相会，"祥兴"再挂新幅。

由收藏家黄先生提供的旧花楼街照片（民国时期）

胡昌桃后来从事别的职业，20世纪80年代又把铜铺子在花楼街开了起来，生意兴隆

侄子胡师傅也先后在灯具厂、装潢公司干过活

不论能否再度当年，但传承手艺、不忘历史，足可谓功名，为人振奋鼓舞！

故事虽然很短，也算不上跌宕起伏，然而置身于这个充满历史的老街区里聆听和发现这个故事的我们还是有了丰富的感受，一时间，时间的流淌、历史的更迭、手工艺的传承、兴衰，手工艺者的自豪、坚守、忍耐，生活的喜悦和艰辛、种种人不同的命运，交相呼应，错综复杂。或许这才是真实的世界、真正的人生吧！

组员仿制的《花楼日报》

胡师傅家在硚口区，家里不幸发生火灾，后来迁到菱角湖一带

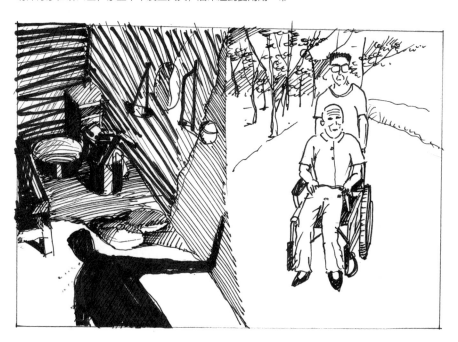

胡昌桃渐渐老了，铜打不动了，后来又得了中风不幸去世。胡师傅接下伯伯的铜铺子，继续打铜手艺

徒弟教徒弟：历史和演变

    集体调研的最后一天，为了学习下料，我们来到胡师傅的铺面。每天接近午饭时间都会有一位和胡师傅相识的大伯来和他聊天，在我们学习下料的过程中用认真的眼神检视我们，开玩笑地说道："是徒弟教徒弟呀！"后来我们才知道，他是胡师傅上一辈打铜街"大货帮"最出名的打铜师傅。在和他聊天的过程中，我们了解到打铜街的故事。

    打铜业兴起于清朝中期，初期打铜店铺聚集于长堤街，康熙年间逐渐发展到汉口半边街（今统一街），汉口打铜手艺人在此修建了"江南京南公所"，即铜锣坊、徽锁坊、铜镜坊、红铜坊、铜盆坊、喇叭坊等铜器业的敬神、议事之所。打铜街是"大货帮"的集中地，主要生产日用的铜盆、铜壶、铜墨盒以及供神用的铜烛台、铜香炉等杂器。清末打铜业达到全盛。据清宣统元年（1909年）统计，武汉铜器店有800余家，其中700余家分布在这一带，仅打铜街就有230余家。

    打铜工艺随着工匠的聚集而更趋精湛，1915年巴拿马赛会上，姚春和铜器夺得一等金奖，郑炳兴、姚太和、义太和等铜器获二等银奖。打铜业自1949年开始日趋衰落，在"文化大革命"（以下简称"文革"）时期带有蟠龙、凤凰等纹样的铜器也受到"破四旧"的打击。特别是改革开放之后，随着时代的进步，机器制造的搪瓷、铝制日用品更价廉，传统手工铜器渐渐失去市场空间。现在的打铜街上，只剩下零星几家铜器店了，铜壶、铜烛台等也主要作为纪念品面向游客出售。

    每天调研都有新的发现。通过和上一辈老师傅的对话，打铜街的历史以广角尺度向我们展现出来，也让我们更加理解了打铜师傅身上的那份人情味和沉重的历史感。

清朝（1636—1911 年）

以高洪太锣厂为代表的打铜作坊兴起

铜锣坊、徽锁坊、铜镜坊、红铜坊、铜盆坊、喇叭坊

买药要买叶开泰
买伞要买苏恒泰
买锣要买高洪太

传奇初现

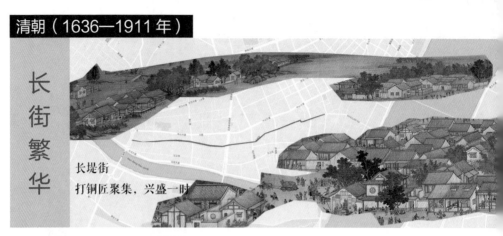

清朝（1636—1911 年）

长街繁华

长堤街
打铜匠聚集，兴盛一时

清朝（1636—1911 年）

胡氏迁入

半边街（今统一街） 江南京南公所

胡正兴迁入打铜街

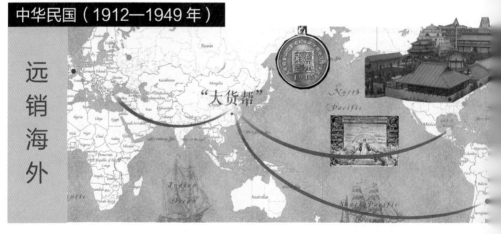

中华民国（1912—1949 年）

远销海外

"大货帮"

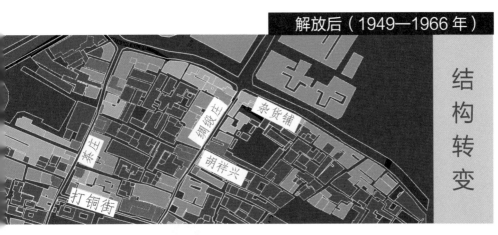

解放后（1949—1966年）

结构转变

铜缎庄

杂货铺

茶庄

萌祥兴

打铜街

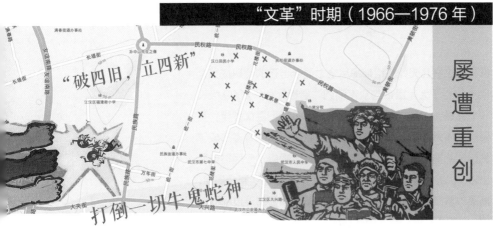

"文革"时期（1966—1976年）

屡遭重创

"破四旧，立四新"

打倒一切牛鬼蛇神

改革开放（1978年至今）

技艺衰微

李家三兄弟仅剩一家丁花楼街打铜兼修理简单金属器皿

武汉

工厂化铜器生产取代手工敲制

"大货帮"昔年传统与荣光

布展

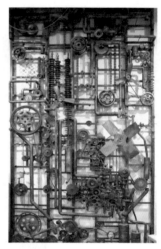

场地装置作品 " 杜什么尚 "

　　布展持续了好几天，各组都竭尽全力展示自己的调研成果。利用学院专教老子大厅里最与众不同的"展板"——2009 级设计系学长毕业设计作品"杜什么尚"来展示令我们喜忧参半：喜的是"展板"质感强烈，黑金色的铜质齿轮与交错的管道形成了一个本具美感的展墙，既能与汤婆子本身有所呼应，应用得当又能十分出彩；忧的是铜质构件本身就有凹凸，又占据了整个墙面，所有的展品位置都需要经过我们的仔细考量，整个布展过程既艰难又有趣，我们组员的创意与灵感层出不穷，讨论也是如火如荼。

　　我们组的展示分为 1：1 的汤婆子实体展示区、1：1 的铜作坊还原分析区、1：100 的胡师傅活动分析和 1：1000 的打铜街历史沿革分析区，所有的联系都以红线表示，整个展示混乱中又不失逻辑。

　　展览当天，每一个进入老子大厅的参观者首先都被悬吊着的汤婆子吸引，伴随视频中"铛铛铛"的打铜声一路参观，激发着每一位参观者的好奇心。汤婆子这一物件仿佛使得历史与现在重叠，让我们看见了一个充满奇幻与传奇色彩的打铜街。

展览整体效果

组员现场演示空间使用

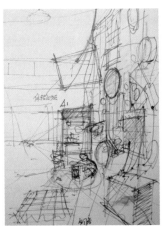

布展草图

终期汇报展示现场

感 言

　　这回工作坊让我感受到了团队合作的力量，我们小组有六个人，在花楼街调研的时候我们总是打散成三个组，分工后分头行动，时不时集合整理一下搜集到的信息，所以收集信息的效率很高。组员团结且目标明确，这样的调研团队让我很受鼓舞！当然布展的时候有一些小分歧，但是最后在大家的合作下顺利完成了。这回布展又让我练习了一下手绘和素描的技能，对于喜欢画画的我来说是相当乐意干的！

——王紫倩

　　与花楼街居民的近距离接触，看到的是他们的历史与文化，看到的是他们的淳朴与热情，看到的是他们的智慧与聪颖。令人感动的是他们对文化传承的惋惜，是他们热情地回答和招待，是他们无意识的民间智慧。

——李庆芸

　　发现生活和融入社区都是愉悦的事情，但是到了思考我们可以做什么的时候，又感到十分无力。

——李照野

这次工作坊让我懂得了调研是设计的一部分，并开始理解这一部分在设计中如何发挥更微观的作用。自下而上的调研方法让我们在尺度变化中感受人对空间由微观到宏观不同的塑造的力量。

——张晗

这么多年，第一次觉得这个城市和自己如此亲密。

——覃琛

在 10 天的工作坊中我们学到的也许不只是调研的发现与方法、重新看待建筑的方式，更感受到与老师们、同学们共同努力与成长的点点滴滴。学会了与人合作，学会了如何生活，学会了如何做一个平凡而又善良的建筑师。

——纪琳

如同蚂蚁匍匐，

从青石板到水泥路。

春雨裹着轱辘，

慢慢一个打弯，

到董家小巷。

穿梭，行走，攀爬，拉扯。

即使磕碰，也要继续前行。

高楼渐次林立，

未来，他们将去哪里？

03 板车组

我和家族

人的尺度

成果照片

跟踪

最近几天总被跟踪，有些奇怪！

不安的是，他们貌似跟得越来越紧，看来我不得不做出此反应。

「你们是搞么斯的，冇看够啊」

「哦，原来是来体验生活的啊。」

「那我就讲哈子，想当年我风光的啊！⋯⋯（此处省略一千字）」

体验

"我"的城市

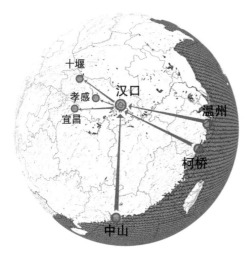

区位分析图

"你们想晓得么斯，想体验么斯？"

"么斯？想晓得这货么样来滴，运到哪克。阔以，我讲一哈子呗。"

汉口，众所周知的物流中心，每时每刻物来货去，其中包括广东中山的灯、浙江温州的鞋、柯桥的布……货来了我们就运。有运到商品城的，也有运到周边一些私人仓库的，还有一些我们运到晴川桥，由物流的车子把货运到舵落口汇总后装货，然后由大型货车负责运送到的周边的城市和乡村里去。

汉

"你说汉口北？"

没错，自从汉正街搬到汉口北，这里的生意就大不如前了。那边地大人却少，货还是习惯往晴川桥这边送，所以我们现在还有生意。

"为什么不用车运啊，车进不来撒！"

这街道这么窄，车行不方便，小的面包车现在都集中在晴川桥友谊南路那边，等我们送货过去；大货车白天进不了城，只能在汉口北或者舵落口等货，只有少部分大的物流公司办了通行证，还能送到大的市场。

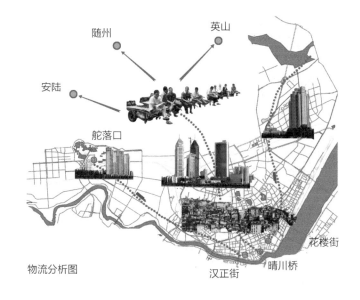

物流分析图

"跟你说，小滴仓库冇得我们可不行。不信，我带你走哈子！"

路径模型

"我"去工作

"你问我们每天几点工作？"

我们平时在大市场的地下停车场休息，每天早上 7 点左右货一到我们就开始工作了。基本上，我们有货就运，没货就在阴凉处歇着，这样一直持续到 18 点左右，收工回"车库"。

"我先带你走一哈近滴吧！"

大部分货是送到大市场内部，所以不需要走太远，但我们得进电梯。这进电梯得注意了，为了少运几次，每次都得装得严实。因为车太长，我们一般会斜立着，然后将左右上角两箱货放到轮胎中间，保证能运输最多。

"那走远路就更有讲究了。"

为了省时省力，我们得"研究"好路线：比如民权路、友谊南路这样车流较多的路我们一般避开，宁愿走一些狭窄的巷道；大兴路我们则更青睐（去晴川桥一般都走这），不光是因为路宽车少，更是因为这条路树荫多（相比沿江大道）；而我们一些骑电动助力车的朋友就只能走大路，因为速度不好控制，走小路不是伤己就是害人。

但有时候，我们往往会绕些路。一种是装了货时，我们都比较谨慎，多走障碍较少的大路，回来的时候就随意插插近路了；另一种情况则比较无奈，本来路就窄，别的"车"都把路占着，我们就只好选其他路线了。

"当然，我们也有些福利了（保护政策）。"

有些地方为了不让运货车进来（抢生意），特意设置一些路障，而路障的宽度刚刚够我们行驶。有时候我们运的货物太大，这些地方的路障还会做相应的调整（挪开一点，或者干脆拔掉一根）。

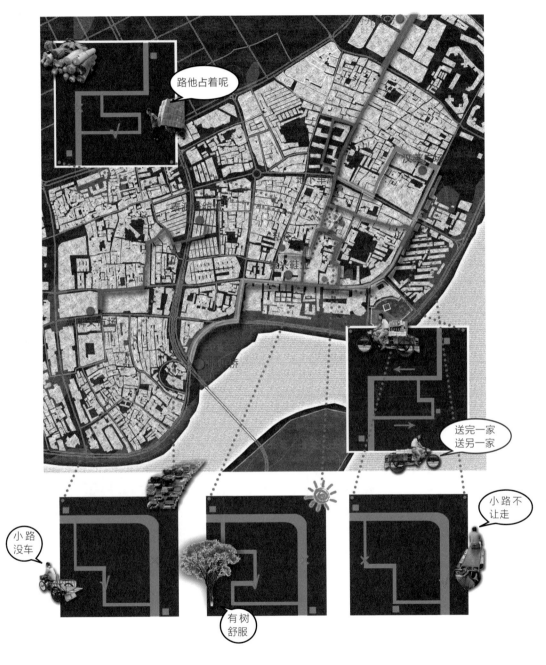

路径选择分析图

"可以说，自由是我们的生存之道。"

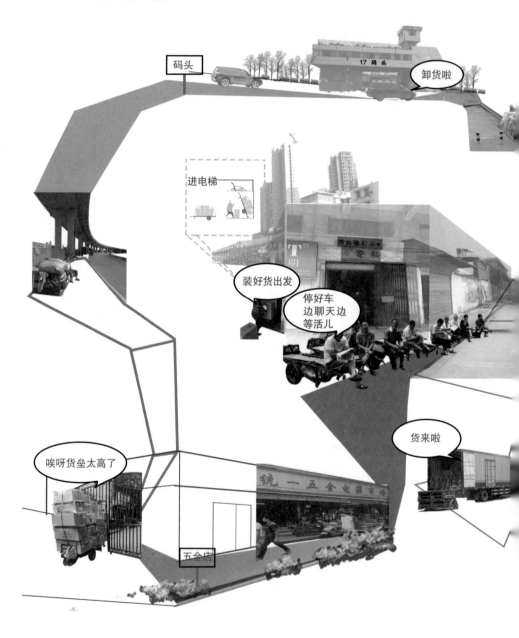

板车的一天

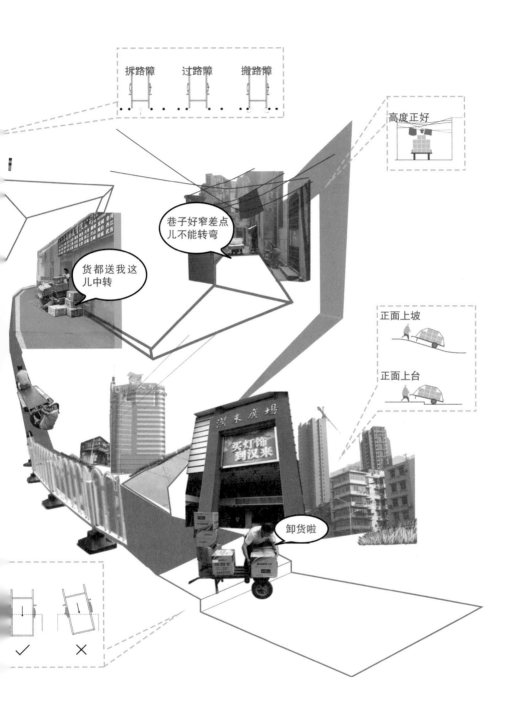

拆路障　　过路障　　搬路障

高度正好

巷子好窄差点儿不能转弯

货都送我这儿中转

正面上坡

正面上台

卖灯饰到汉来

汉来广场

卸货啦

✓　　✗

"我"和家族

"你们这几天看见的板车也算蛮多滴了吧，我可是一个大家族哩！"

10 年前，这里还是扁担的天下，再早些时候（水运还没衰落），我的祖先木板车（运送木材）也是有"市场的"；随着近几年城市的迅猛发展，扁担的运输量早已满足不了需求，所以我们灵活且运输量大的铁板车迅速崛起。但这好景不长，随着物流中心的转移，挑活干的日子一去不复返，这也刺激我们向精细化（小型铁板车适应短途运输，如进电梯）和机动化（电动助力车适应长途运输）转变。

板车变迁

时间轴（Timeline）		
1970 年 扁担		最早穿梭于巷道之间的运输工具——扁担
1990 年 木板车		在扁担不能满足需求后，出现木板车
2000 年 铁板车		随着工业的发展，铁板车渐渐取代不耐用的木板车，成为运输的主要工具
2008 年 电动板车		科技的发展带动了电动板车的出现
三轮板车		手拉板车不够放货物，容量大的三轮板车出现
拉板板车		人们发挥才智，用电动车拉着板车前进
2010 年 新型电动助力板车		新型电动助力板车，前面有一个小轮子，可以骑行

布业

板车分布图

布业的板车集散中心位于泰源轻纺城，多为短途运输，一般运至小仓库、货车集散地

灯具

运输灯具的板车集散地点在汉莱广场，运输路程长短不一，一般到小仓库或是灯具市场

鞋业

运输鞋业的板车多为三轮车形式，因运输的路途以长途为主，一般运到鞋业市场或小仓库

"你说我们这么多车么样组织的？基本上都是按装么斯货区分滴。"

比如说汉莱广场这片都是做灯具生意的，我们运输灯具的之间就比较熟了，基本上都是互相介绍过来的，基本来自"黄冈、英山"一带。由于我们和物流老板之间是信赖关系，所以我们之间的竞争不是很大，毕竟大家都有自己长期的合作伙伴。但是，别的地方的就别想来抢我们的生意了，尤其现在没什么活。

我们这里车还比较少，像什么银兴鞋业、泰源布业、品牌服装业那边车更多些，他们基本也是互相认识的。

"我"有装备

"说了这么多，还布仔细地介绍我自己。"

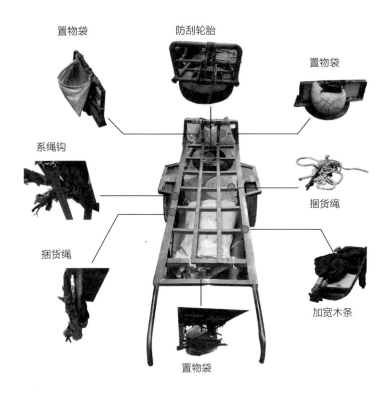

置物袋　　防刮轮胎　　置物袋

系绳钩　　捆货绳

捆货绳　　加宽木条

置物袋

标准板车分解图

　　我们可不光就是个铁皮架子啊，我们也是有装备的。标准配置包括：车底的蛇皮袋，用来装一些遮雨油布、衣物等，根据主人的需要还可以装水或者报纸；车尾的破皮球，用来装绳子；车尾底部的破轮胎，防撞防磨损。

"莫看我们长滴差不多，那是因为我们几个都是运灯具滴。"

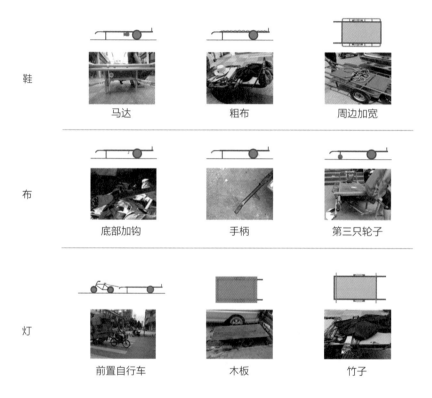

鞋　　　马达　　　　　粗布　　　　　周边加宽

布　　　底部加钩　　　　手柄　　　　第三只轮子

灯　　　前置自行车　　　　木板　　　　　竹子

　　装不同的货，我们有相应的对策：如果是运送布匹，为了运送的稳定（考虑到布匹的宽度），我们身上会安装竹条或者木条以加宽板面。由于布匹较重，还得请我们的兄弟电动助力车来帮忙。运送光滑的物件如鞋盒子时，我们身上会缠上麻布以增加摩擦。

"对，我们装货也是有技巧滴。"

比如说运送灯具，因为灯具易碎，所以箱体摆放的稳定性至关重要。我们常用的方法有几种：绳子绑不紧的话，我们习惯在货物顶端插入一个小箱子来绷紧绳子；运送同一类型的灯具时，我们会采用"一丁一顺"的摆放方式；而值得你们注意的是，有时候车尾的一排箱子会高出一些，这样运货时我们整体便成了一个稳定的长方形。

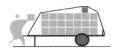 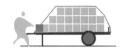

在装货过程中，为了能将绳子系紧，常常会在顶部或者前部卡入小体块（小箱子）

 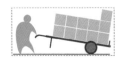

装载箱体时在板车末端多装一个，这样在倾斜拖动的过程中，整个体系处于一个稳定的四边形中

 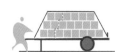

摆放相同规格的箱体时，常采用"一丁一顺"式；如果规格不同也会错开排列

 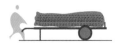

装载布匹时为了增加运输量（和费用成正比），会将几捆布绑在一起，再进行堆叠

装载方式

板车模型

"我"想未来

"对，现在确实是不景气。小老板好多都'死'掉了，大老板慢慢都往汉口北迁。"

但是，我觉得汉正街这块是不会彻底消失的。你看政府现在在汉口北那边建了那么大的新汉正街，车都可以开到楼上去，但就是没人去啊。不是因为太远，是因为大家觉得老汉正街这边还有生意做，毕竟都做了几十年了。

现在物流他们基本上都是在汉口北那边卸货或者存货，店面都还在这里。而且这边现在还在建大的商场。如果老街老巷消失了，我们估计以后也就是在商场和周边跑跑了。

"嗨，我们也得紧跟时代滴潮流啊！"

城市在不断地更新变化中，人们的交通方式、货物的运输方式也在不断地变化之中。信息时代提高了人物之间交易、交通的效率，我们的未来一定会更加智能和快捷。

生存空间压缩

大型集中的商业中心必然取代分散在街巷中的小仓库

室内商业街在一定程度上成为人们街道生活的主流

因此小型化、自动化的板车将更有市场

板车工与板车相互依存、相互陪伴

板车工的社会及板车的社会

因此，我们应该考虑的是如何提供一个"移动的家"以及如何组合这个平凡的社会

感 言

这次"规划的混乱"工作坊让我经历了三种心情：从身心兴奋到身不累心累，再到身累心不累。怎么说？

前两天，当我们发现各式各样的板车在大街小巷中穿梭，饱经沧桑的板车工大叔在我们面前健步如飞时，我们像是发现宝藏一般兴奋。即使眼前的场景对于汉口来说是那么的平常，但我们坚信平凡中必有精彩。

后面的两天，我们却开始自我怀疑。我们跟踪，我们观察，我们窃窃私语；板车工警惕，他们低头，他们缄默不语。时间并没有拉近我们的距离，我心却已彷徨——真的有什么值得我们学习吗？

之后的日子，我们放下观察者的架子，接近他们，体验生活；他们从警惕转向好奇，接近我们，热情款待。我们因此看到混乱之下的美：板车不再是单调的铁架子，它们有血有肉，适应空间；板车工不再是无知的单纯，他们根植老城，是运输的专家。

这段日子让我想到一段关于摄影的论述：为什么拍不出好的照片，因为你走得不够近。的确，只有像蠕虫一样接近大地，才能学会生活的道理。

——周韦博

这次工作坊让我用全新的视角重新感受了设计师这个角色，体验到了完全不一样的调研方法。这种全新的调研方法与之前做设计的理性分析完全不同，因为这一次的调研我亲自去参与、去感受了。平日里做设计多半还是以看客的姿态去分析使用者的需求，这样深入其中的调研、分析、了解，让整个设计都变得鲜活起来，第一次倾注这么多情感在一个设计背景的调研上面。其实有点可惜，在大四即将结束之时才感受到这样一种截然不同的感受设计过程的方法，所以很羡慕那些工作坊中大二的同学们，他们在这样的过程中一定对设计有了新的认识。这次工作坊给了我很大的启发，也增添了我对设计的热情，我会把这样去感受、去发现的方法带到今后的学习与生活之中。

——张林凝

"规划的混乱"本来就是一个矛盾的题目，总会让人觉得纠结和茫然。带着未知游走在城市的细节之中，观察日常，体验生活，每个人都将这片"弹丸之地"看了个真真切切。短短几天，留在脑海中的场景总带点痛苦。也许是当头烈日，令人心烦不爽，也许是与人交流时常碰壁，使人失落万分，也许是固执己见，引来组内争执。在那个当下，这一切都像是在与我们对立，设下层层阻碍。然而回头再看，也是因为有了这些挫折才让我们领会，那根如同救命稻草的透心凉的冰棍，那个卸下防备后淳朴善意的笑容，那句化干戈为玉帛的玩笑，同样值得我们留在记忆之中。当生命以美的形式证明其价值的时候,幸福是享受,痛苦也是享受。

——康雅迪

这一次工作坊，是一次混乱中的探索之旅，我们第一次从精确的范围走向了模糊的世界，第一次用完全自由的思维与生活对话，在看似复杂无序的市井中找到了精彩的路线，客串了不一样的角色，也体会到了真实的人情。突然发现，或许设计最重要的恰是情怀。

——王青子

　　建筑与规划一同做事，也是完成了一个夙愿。高强度的前期调查与微观尺度人的诉求让 Mapping 的过程更加接近设计的初衷。表现形式上的非出图式的逻辑展示更是一个大开脑洞、创意无限的设计过程。感谢志森（Jason）的到来，设计也可以这么做。

——王子钦

以往的设计环节中，前期调研更多的是一种形式，随后自发创造性的设计才贯穿其中，虽欲变却无力。Mapping 的过程给这一切一个新的开始，微观形式的调研更让人意识到设计的本质，为什么这么做、怎么做变得清晰可触。设计师不再以一种高高在上的态度，取而代之的是融入生活本身的关怀。需要的是脚踏实地地更好地改变城市。

——青妍

倘若我不曾走遍这条老花楼街，倘若我不曾追随板车工，用脚步去丈量这长长窄窄的巷道，我不会了解在这里有着这样一种独特的运输方式。它生长在这片土地上，联系着一群群来自他乡的人们，他们随着时代的变化在不断地改变自己，他们有着在这片土地上生存、延续的独特的策略。这些，都是曾经用自上而下的眼光去思考问题的我们所无法发现的东西。只有你真正从你所想了解的对象的角度去看问题，你才能知道，到底什么才是他们想要的。城市，不该是用上帝的眼光去看待的，它是生活在其中的一草一木、一人一物所真切生存的空间。

——李晶

镜中风月，

镜中恩怨。

是直白的咒骂，

是无奈的对抗，

是牵挂和关联。

同一屋檐下，

同一街坊边，

可不可以，

再同用一个厨房？

再共坐一个桌边？

04

照妖镜组

花楼街很多人家门窗上挂有小镜子。短短几条街里，我们发现了数十面镜子，当地居民称其为「照妖镜」。这些镜子为什么会如此高频率地出现？镜子的摆放是随意还是刻意？无序还是有序？混乱的表象下潜藏着怎样的玄机？

经过推测与走访调查，我们对「照妖镜」的认识一点点深入。「照妖镜」往往对着不如意的空间，如十字路口或者花圈店，而在昔日富人居住的里分建筑和现代建筑里鲜有镜子的踪影；同时，两户人家的微妙关系，也可以从他们家门前镜子的摆布来推测一二。

镜子的布置改变了空间的心理属性，反映了人与人之间微妙的社会关系，体现了社会贫富的分布，甚至反映出城市发展的历史。镜子里，有生的无奈，更有生的希望。如此不起眼的小镜子，折射出生活在广阔土地上的平凡人的日子。家庭、邻里、社区，一面「照妖镜」牵动着微妙的平衡，影射着生活的百态。

花楼街上的新参者

"为什么镜子上面有那么多灰尘？照理说如果主人重视的话，一定会定期擦去上面的灰尘吧……""听起来好像有点道理，那镜子看起来已经有好些年头没有动过了，可能会是因为什么特殊的作用吧……"睿君和亚琦百思不得其解，但还是用相机拍了下来作为记录。这已经是他们在花楼街上发现的第12面镜子了。

花楼街在汉口民生路到大兴路之间。说它是街，算是恭维吧，其实就是一条宽4m左右的巷子，而且一点儿都不前沿。甚至，跟周围的江汉路相比，用"落伍"来形容它或许更合适一些。街边有很多卖虾子和生姜的小商贩，拉着板车的中年大叔们在街上穿来穿去，整条街看起来又破又脏，实在是混乱。如果说有什么可取的地方的话，那就是它还保留了传统的武汉风情。一开始睿君和亚琦实在不愿意在这里多待，因为一不小心就会被路过的摩托车撞到。要不是因为那一点发现足以勾起他们的好奇心，两人估计早就去附近的麦当劳躲懒了，走了大半天脚已经酸了。

"喂，不要再往里面走了吧，这条巷子这么黑，好诡异啊！"睿君心有余悸。感觉班长就像上了发条一样，只管往前走，好像根本不会累一样。

"可是正对面有一面镜子，你看到了没啊？"亚琦没有回头，还是径直往前走。

"咦，对哦。"说着，睿君也跟了过去，好像完全忘记了刚才的恐惧。

作为这条街的新参者，睿君和亚琦丝毫都不敢疏忽，任何可能存在镜子的地点都逃不过他们的眼睛。参加工作坊之前，他们也完全没有料到，接下来的工作几乎全部都是找镜子了。其实，他们还有五个同伴也都在附近找镜子。他们在找的，不是普通的梳妆镜，而是挂在门框和窗边的"照妖镜"。"照妖镜"，这个略带魔性的名字可不是他们自己想的，花楼街一带的人都这么叫。当然，也有人叫它"辟邪镜"。不管怎样，它都不是一般的镜子。

镜子位置暴露的信息

"妈呀，你们是在哪里找到这么特殊的镜子啊？看起来好恐怖啊，还有剪刀在上面。"学弟睁大了双眼，一副受到惊吓的样子。

"有两家窗户对着窗户，每个窗户都是这么放镜子的，奇怪的是他们每家都有两面镜子和两把剪刀！"发现这些，张计划也觉得不可思议。

"我觉得他们两家之间一定存在某些过节……"和张计划一起发现镜子的李鹤在一旁若有所思道。

学弟旁边的陈灼紧盯着照片，似乎想弄明白其中的原因。一旁的亚琦和睿君也陷入了沉思。而L君也在纸上写写画画，似乎想弄清这两家的位置关系。

傍晚时候大家聚集在一起，讨论着各自的发现。今天的收获着实丰厚，大家发现的照妖镜大概快到一百面了。这让所有的人都感到兴奋但也有些迷茫。兴奋当然是因为感觉这是一个值得研究的题目，而迷茫则是因为到现在还搞不清楚这些镜子之间的关联。

"我们一起看照片梳理一下吧！"睿君打破了沉闷的气氛。大家纷纷表示赞同，的确，现在也没有更好的办法了。

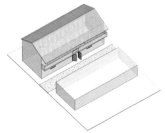
门和高墙相对，门上挂镜子

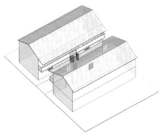
门和窗隔路相对，门窗上挂镜子

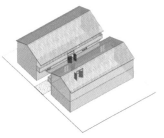
两门隔路相对，门上挂镜子

"这里呢，就像刚刚发现的，这两面镜子分别在两家相对的窗户上。这一张呢，这家的门上面挂了镜子，而对面也是一扇门，却没有挂镜子……"睿君翻着照片，L君飞快地记录着。

"还有，这家的是门对着对面的窗户。"李鹤补充道。

大家一起浏览着照片，一会儿，他们就发现了一些挂镜子的规律。果然，集体的智慧不可小觑。第一种，他们称之为"门窗相对型"，当两户人家出现门和门、门和窗或者窗和窗相对的情况时，门或窗上出现镜子的频率会加大。第二种特别明显，在丁字形路口，如果有门或窗冲着路口，就会有人家选择挂镜子。还有一种，如果门对着类似于厕所、花圈店这类看似不太吉利的物体时，对面的门窗上也会有镜子出现。尽管发现这些足以让大家兴奋了，可还是有很多问题没法解释。

"这家的门对面就是围墙，也没有跟其他人家的门对着啊，怎么就会有镜子呢？"亚琦提出了自己的疑问。

"嗯，我们还是问问那边挂镜子的人更靠谱一些吧。"理性的陈灼不愿意随意猜测，他更愿意通过调查获得相对准确的信息。

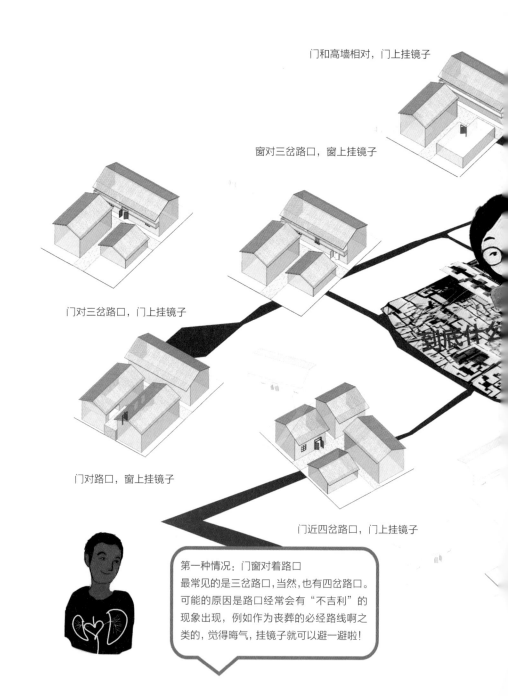

门和高墙相对，门上挂镜子

窗对三岔路口，窗上挂镜子

门对三岔路口，门上挂镜子

门对路口，窗上挂镜子

门近四岔路口，门上挂镜子

第一种情况：门窗对着路口
最常见的是三岔路口，当然，也有四岔路口。
可能的原因是路口经常会有"不吉利"的
现象出现，例如作为丧葬的必经路线啊之
类的，觉得晦气，挂镜子就可以避一避啦！

· 空间中的镜子

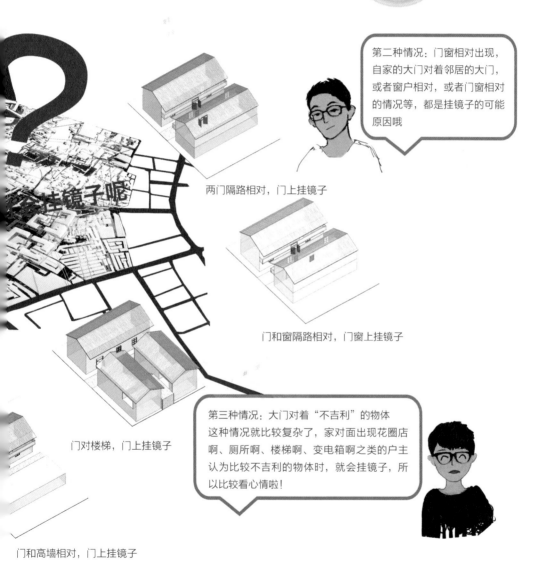

第二种情况：门窗相对出现，自家的大门对着邻居的大门，或者窗户相对，或者门窗相对的情况等，都是挂镜子的可能原因哦

两门隔路相对，门上挂镜子

门和窗隔路相对，门窗上挂镜子

第三种情况：大门对着"不吉利"的物体
这种情况就比较复杂了，家对面出现花圈店啊、厕所啊、楼梯啊、变电箱啊之类的户主认为比较不吉利的物体时，就会挂镜子，所以比较看心情啦！

门对楼梯，门上挂镜子

门和高墙相对，门上挂镜子

镜子的主人

"没什么，就是随便挂挂啊！" 穿着背心的大叔一脸的不情愿，似乎不愿意继续交谈下去。李鹤向L君撇了撇嘴。

"那你们挂了多久呢？" L君还是不死心地问道。

"住了多久就挂了多久啊。没什么好问的，你们还是走吧！" 看起来要是他们再问下去，大叔就要打人了。

李鹤跟L君只好作罢，惹怒了大叔对他们来说可没有什么好处。

今天，他们一早就出发来到花楼街附近，可刚开始情况看起来就不太妙。要么很多镜子是以前的房主挂的，新的房客并不知道原因于是也没有取下来。要么镜子的主人根本就不在家。好不容易找到自己挂上去的人，却一点信息也不愿意透露。唉，毕竟这是一件很隐私的事情，要问出其中的原委怎么会那么容易呢，只能凭运气了。

而另一边的陈灼和张计划运气则好了很多。他们找到了一个年长的爷爷，爷爷讲了他家的故事。他家的镜子很早就挂了，是找风水先生相的，主要目的就是辟邪。镜子的位置、样式都是很讲究的。他家的镜子是一面铜镜，大概挂了几十年。到了"文革"期间"破四旧"，镜子被砸了。后来风波过去

两面镜子，两把剪刀　　　　　　镜子上倒挂一把剪刀

之后，又重新挂了一面镜子，直到现在。这种镜子挂上去之后，最好不要动它。听到这里，陈灼和张计划突然明白为什么看到的镜子上面有那么多灰尘了。爷爷还向他们抱怨，现在的人啊真是不讲究了，镜子都是随便挂的。不过也难怪，风水先生少了，只能去乡下找了。

而那家镜子上面挂剪刀的，据说是因为赌博赌输了为了转运才挂的。

"那他后来转运了吗？"张计划向房东询问道。

"还不是老输。怎么可能通过挂镜子就能赢啊？我看啊，还是不要赌博的好，自己赚钱最踏实。"房东对房客的行为不屑一顾。

"阿姨的觉悟还真是高啊！"张计划在心里默默感叹道。

不过，L君和李鹤也不是一无所获。他们后来遇到为了避讳丧事路过门前而挂镜子的和气阿姨，她家同时还挂了四把辟邪剑。还遇到不满对门挂镜子把邪气招到自己家而想挂镜子挡回去的充满怨气的阿姨，以及儿子儿媳和父亲老是吵架于是挂镜子的一家人……挂镜子的理由真是千奇百怪，不过有一点却是共通的，那就是他们祈求把霉运带走、向往美好生活的愿景。

挂镜子的理由或许千差万别，但隐约之中都透露出对生活的无奈。即使这样，也不能阻止他们向往美好生活的心愿。

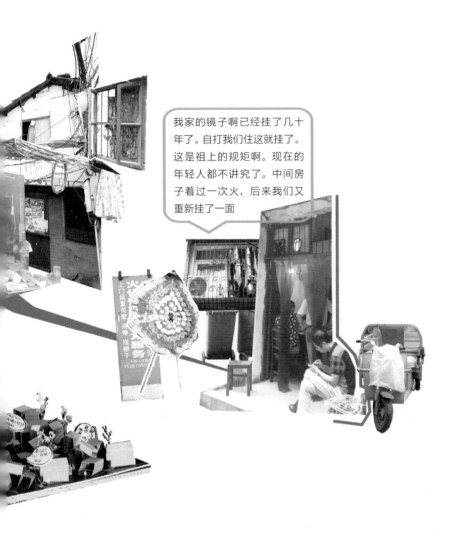

我家的镜子啊已经挂了几十年了。自打我们住这就挂了。这是祖上的规矩啊。现在的年轻人都不讲究了。中间房子着过一次火，后来我们又重新挂了一面

为什么挂镜子？

赌徒挂镜子为了转运以后能赢更多钱；
吵架的婆媳挂镜子希望家庭和睦；
父母挂镜子希望年幼的孩子健康成长；
商店的老板挂镜子希望财源广进；
还有一些人不知道为什么要挂，
但是挂上一面镜子就会觉得安心。

听起来似乎很荒唐，
规律的运行无法通过镜子来改变。
然而生活给了每个人生存的方式。
空间上的不利我们难以转变，
但是我们可以通过间接的方式回避这个问题。
于是在很多无助的时刻，
我们有了自救的办法。

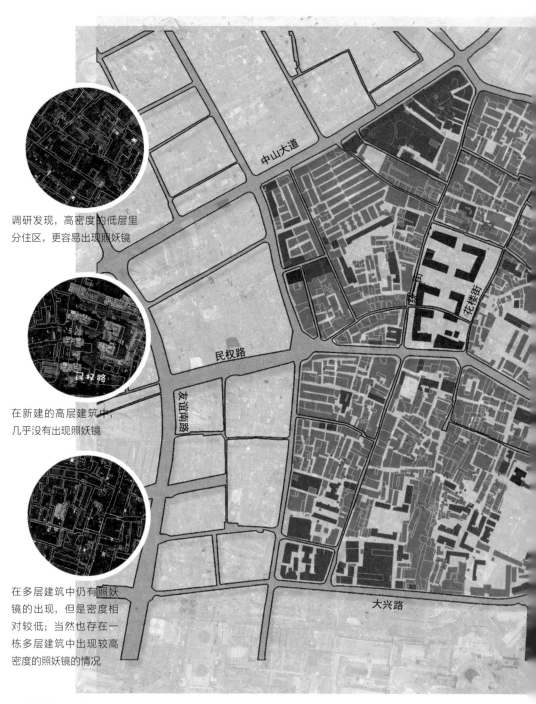

调研发现，高密度的低层里
分住区，更容易出现照妖镜

在新建的高层建筑中，
几乎没有出现照妖镜

在多层建筑中仍有照妖
镜的出现，但是密度相
对较低；当然也存在一
栋多层建筑中出现较高
密度的照妖镜的情况

照妖镜在基地中的分布

意外的发现

民生路

黄陂街

民权路

镜子位置
低层里分
多层建筑
高层建筑

　　"妈呀，总共有两百面镜子了！"学弟一边在地图上标注，一边惊叹道。大家纷纷围过来为小组成员几天的成果惊叹。的确，地图上标注着密密麻麻的点，每一个点代表着这里有一面镜子。

　　"不同的地方镜子的密度不同呢！"犀利的睿君突然指出了这一点。

　　"对哦，你看东北的洪益巷这里，有好多镜子啊！还有南边的三义街，也有好多啊！"李鹤指着地图上镜子最密集的两处感叹道。

　　"镜子的密度跟城区的历史是不是有关系呢？"陈灼提出了这个独到的见解，大家也开始思考起来。"记得我们去调研的时候，一位爷爷曾经给我讲过这个片区的历史。他说这里不同地段的历史是不同的。最北边的这块好像是最老的，然后中间的这块是拆过重建的……"

"我想起来了，"亚琦恍然大悟道，"西北的积庆里这边是没有的，当时看到的好像是比较高级一点的新式里分。"

"之前看到的比较破、比较封闭的里分里面镜子比较多一些！果然好像是有联系的。"张计划也回忆了起来。

"而且，城市的历史通过这些建筑的密度也可以看出来，密度比较高又加建多的应该是最老的里分，这些排列整齐的是新式里分。南边的多层建筑应该是 20 世纪七八十年代建的，中间的这些高层建筑应该是最近建的。"L君边看底图边分析道，"我们好像从 Map 走向了 Mapping 了。"

大家越讨论热情越高，似乎一个惊天的秘密就要被揭开了。在这之前，他们从来没有思考过这些问题。一面简单的镜子似乎越来越复杂，甚至可以折射出城市的历史演变。

这是一种迷信，多数人这样认为。封建思想下衍生的习俗或许很难称之为传统，似乎难登大雅之堂。可以称之为文化吗？在当今多元文化交融、西方文化渗透、新生文化疯狂衍生的年代，这样布满灰尘、略显泛黄的封建文化似乎已是格格不入，但在年轻一代眼中陌生而又神秘的一面镜子却又显得如此魅力无尽。时代在变，文化的根茎还在，从萌芽到生长，它有当地性，在城市化风起云涌的今天，还能大范围地留存这样一种习俗，俨然是具有地域性的"文化运动"。城市化的旗帜逐渐插遍这片土地，轰隆的推土机碾过之后，栋栋高楼疯狂拔起，总有人叫嚣着要铲平一切。隐约的时间轴线上，年轻人接替了老一辈，宽敞明亮的现代式空间格局取代了拥挤昏暗的廊里巷外，而镜子，黯然地消失在门框窗前，是时代淘汰了文化还是文化淘汰了自己？镜子会最终消亡还是会变异传延？但愿推倒的只是断瓦残垣，有些值得留存的能够保留下来，这并不是怀恋，而是一份寄存城市情感的希冀。镜子、人、空间、城市、文化，这五个尺度和维度下的链条随着时间的推移总会有无穷变幻。一面"照妖镜"，反映出的是属于这个时代、这座城、城里的人，还有人与人之间那些道不完的镜中故事。

"镜子的数量其实说明了另外一个问题。"胡晓青老师不知道什么时候已经站在了身后，她面带微笑加入了讨论。"以前我们去抚州调研的时候，发现那边也有很多镜子，但是他们没有这么大规模，也没有这么明目张胆。他们会用很多其他更有心思的方式来解决这个问题。花楼街这边的镜子已经形成一种规模了。"胡老师皱了皱眉，接着补充道，"当人们这么肆无忌惮地随意挂镜子的时候，其实代表着传统邻里关系的一种瓦解。人们不需要从周围的环境来获取支持时，他们便不再打算维持原有的社会关系。这也是社会的一种变迁。"胡老师的话把大家带入了另外一个层次的思考。

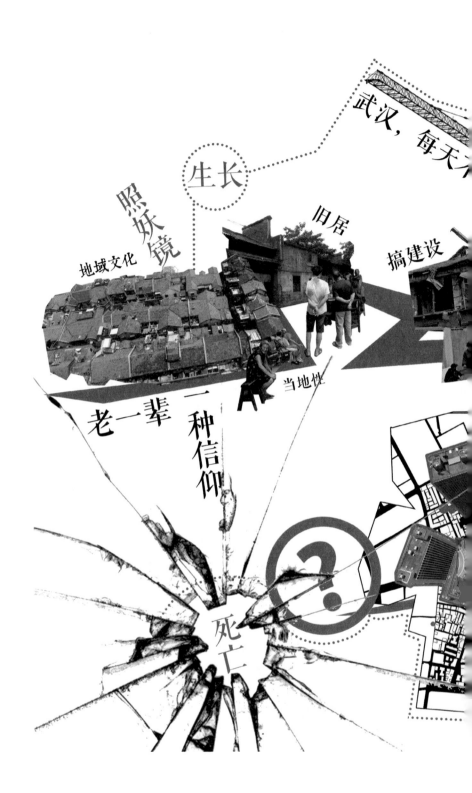

武汉，每天不一样

生长

照妖镜

地域文化

旧居

搞建设

当地性

老一辈 一种信仰

死亡

?

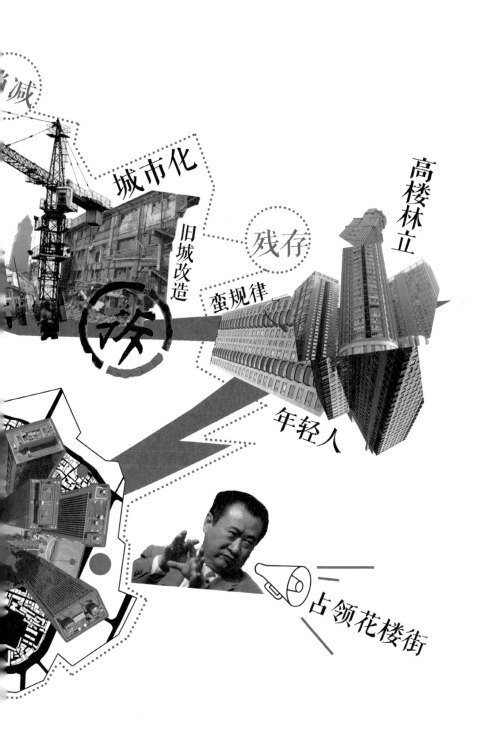

消减

城市化

高楼林立

旧城改造

残存

蛮规律

拆

年轻人

占领花楼街

尾声

工作坊结束了。大家也逐渐开始各自忙各自的事情了。

"我今天又看到一面镜子哦！"

有一天李鹤突然在沉寂已久的群里面冒出这样一句话，同时发出一张照片。这个时候工作坊已经结束了半个月了。

"不对，是两面哦，三楼那里还有一面。"睿君总是这么犀利。

大家都笑了，也突然发现，工作坊带来的不仅是一次有趣的经历，更是一种观念。

这种对生活持续观察和好奇的观念已经植入我们的心里，挥之不去了。

生活永远需要新参者，这样的话，生活就不会无趣了。

感言

　　学会俯身观察和品味生活中的每个细节，了解一个人，倾听一段故事，感悟一则心得，以谦卑的姿态融入生活的丝丝血孔，慢慢地才会知晓它的鲜活与智慧，才会读懂我们熟悉又陌生的这座城。

——陈亚琦

　　工作坊更加坚定了我是一边过生活、一边念建筑系的想法，在本质上，在意念上，让自己成为一个更好的人。

——容志毅

　　镜子因为摆放位置的特殊而发挥了特殊的作用，空间因为巧合而具备了优劣的属性。物与生活的复杂远远超乎我们的想象。怀有敬畏，才能更明事理。

——刘丽丽

　　用另一种视角去看待生活，事件背后总有千丝万缕的联系。

——张思雨

　　深入到纸醉金迷的商场后方，丰富无比的武汉本地市井生活一路蔓延。这里是鲜有的还保存着的老街区，许多当地百姓的生活充斥其间，分布着小吃摊、菜市场、地摊、手艺人。对老街区方方面面深入的探访改变着我们对这里的印象，源于生活的设计随生活的体验而更加深入。

——李鹤

　　在犹豫中决定参加的一个工作坊，但却给了我一个探寻老汉口辟邪文化的机会。竭力克服多年教育所得的思维定式，试图从最本源的视角理解并通过展览的方式表达出"镜—人—空间"之中物理和心理的多重关系，是这次工作坊对我最大的历练。在 Mapping 的过程中感受到来自师生的多方视角很令人兴奋，几位指导老师风格各异的魅力值全部 MAX（最大化）……

——段睿君

生姜大蒜干辣椒，
板车每天的交响。
慢走快行停留，
眼神余光，
这个街角，
是久试不爽的战场。
如同地道战游击队，
白大爷自有自己的灵光。

05 生姜组

1:1000

Mapping · 生活

混乱
规划

商业
商住混合
新建小区

自 阿 伯
次 支 路

1:1

成果照片

1:100

最初花楼街，以及后来的新据点统一街，在我们眼里，与平常的街巷毫无差别

调研日记

· 2015 年 7 月 5 日，晴

　　作为一支 9 人的超级队伍，我们商定在基地调研的时候分头行动。2—3 人一组发掘花楼街中可以研究的对象。穿行在花楼街，我们没感到它有何不同，纷杂的人群、穿梭的车流、各式的店铺、密密麻麻的电线和晾晒的衣服、破败的建筑立面，充斥着我们的眼球，我们却越发迷茫。或许是因为我们看待事物的方式仍与从前一般，或许是不懂得如何运用 Mapping 的方法，当要往下挖掘我们找到的切入点时却无法进行。

　　三个女生看到一个戴着志愿者袖章的大叔踩着扶梯、用长杆勾着 4 m 高空中挂在电线上的白色塑料袋，随后在一个社区楼房前再次遇见他，只见他拿工具勾下放在二楼阳台出檐处的白色垃圾，也许这个人可以被观察，于是她们打算追踪他。三个男生偶遇一个穿白衣的推车小贩，然而当他们打算跟从他穿过花楼街转向民主路时，他却不见了。于是我们决定找到他。

老师的意见是，在 1 : 1、1 : 100、1 : 1000 的尺度上研究推车小贩的生活，也就是在人、社区和城市的尺度上继续观察和思考。

在那样人来人往、车流穿行的街巷中，阿伯推着满载货物的板车，却总能不经意消失在三个年轻小伙子的视线中

· 2015 年 7 月 6 日，晴

前面推车小贩有卖

"有姜卖么？"我们询问卖蔬菜的阿姨。

"我们不卖。"

"那哪里有卖？"

"前面推车小贩在卖……"

"你们为什么不卖？"

"他们在卖，我们就不卖了。"

早上 6 点起床，7 点半到达花楼街，神智还迷糊的我们发现此刻的花楼街已十分热闹。

狭窄的街巷两旁的店铺几乎都开门了，行人来去匆匆，市井生活如此鲜活有生气。傍晚 17 点多，花楼街再次迎来人流量的高峰。

我们跟踪了推着满载货物的板车阿伯，可如此醒目的目标却总能在不经意间消失在我们的视线中。我们猜测他的行走路线中有我们未发现的秘密。后来阿伯发现了我们。得知了我们的意图后，腼腆的阿伯告诉我们：他和他老婆每天都出去摆摊，一个主要在花楼街，一个主要在统一街，他们的儿子上高中。我们还去了他家里。

他进货的地方是白沙洲，一般早上 5—6 点就起床准备进货。这辆在人流、车流中穿梭无阻的板车就是阿伯自己制作的。我们试着推了下板车，发现它并不像外表那么笨重。

我们决定火力全攻白阿伯。

18 点半左右，白阿伯和妻子收摊回家，见我们依然跟着，阿婆动怒了，她言语警告我们，不欢迎我们再出现。我们向白阿伯道歉，他无奈地解释：首先被人跟着、盯着就会很不自在；其次我们醒目的存在会影响到他们的生意。因此阿婆的生气是可以理解的。于是，我们吸取教训，分头行动。

　　与此同时，我们发现了花楼街上的一种现象：摆摊卖蔬菜的几乎都不出售生姜。当我们询问的时候，他们解释说有推车小贩和干货店专卖。推车小贩的灵活性可以与固定的干货店形成互补，这隐藏了市场的权利分配。

　　跟老师进一步交流后，我们打算按照三个尺度来对小贩进行研究：1∶1 的研究重点在于板车和板车货物的摆放、板车的构造、板车与街巷尺寸的关系；1∶100 的研究重点在于小贩的占地策略、流线的选择；1∶1000 的研究我们此时无绪。

· 2015 年 7 月 7 日，晴

·2015 年 7 月 8 日，晴

白阿伯上午有时进货，有时也跑到街巷贩卖，行程不定。我们决定从中午开始来记录白阿伯的贩卖过程。

12 点左右，白阿伯推着板车回到了家中。他家住在一楼、主入口右侧。这期间他没有做什么，只是吃饭睡午觉而已。板车被他直接停在外面，用一大块蓝色的防水布盖着，位置就在窗户下方，方便察看。

一般情况下，白阿伯在 14—15 点就会外出贩卖。而今天便是突发情况，家里来了客人，便推迟了一些，16 点左右送走了客人后才开始清理板车上的货物。也许是上午姜卖得不错，下午又往车里加了一些姜。在整理的过程中，邻居和路过的人们也来买了一些姜，白阿伯又做了几单生意。

不久白阿伯就整理完毕向统一街出发，而阿婆随后也推着自己的一个小推车去到花楼街。沿着街巷走走停停后，白阿伯来到一个"特定的"小巷。

这条小巷还算宽敞，有着两条小分支，住在里面的人们都会走这条路。白阿伯站的地方离主街不远，前方还停了几辆车，对从主街直接看过来的视线有一定的阻碍作用。

过了一会儿，一个开着装满西瓜的三轮货车的大叔也过来了，他与白阿伯分别站在这条巷子的两边，而大叔前面刚好有一堵墙。他们之间交流并不多。

如果有城管来的话，白阿伯可以很容易地看到，而他的反应也会提醒到卖西瓜的大叔。因此，即使他们素不相识，却潜藏着联系。

相较于卖西瓜的大叔，白阿伯却选择在曝光度较高的地方，这不是很容易被城管发现吗？怀着疑问我们向阿伯问道："为什么不选在一个更隐蔽的地方呢？""那样他们看不到我，我也就看不到他们了啊。"他理所当然地回答道。

　　我们恍然大悟。曝光不仅是为了让顾客发现他们，也是更明智的自保。

　　像白阿伯这样的干货小贩还有很多，他们在不同的巷子中，也总有着不一样的选择与原因，如这边的巷子有个厕所，不仅方便躲藏，也方便解决一时之便；那边刚好有个学校，家长多；这边有好几条支路，人流大；那边有车辆可以进行遮挡……他们对这一片街区再熟悉不过，这份熟悉在此演变为他们智慧的选择。

白阿伯所在的这条巷子人流量还挺大，不一会儿就有了几单生意，顾客大都是一些年纪大一点儿的人，而姜、蒜这些是卖得最好的。到了17—18点钟的时候，城管下班了，白阿伯便开始往主街推进。他推着板车来到了一个关闭的门面前，过了些时候又推到了街对面的一个楼梯间前面，都是选在这种没有做生意或是没有人的地方。

　　不仅卖姜小贩们都陆陆续续出现，各种商贩也都悄然出现在马路两侧。一时间街巷热闹非常，人潮涌动，有下课的中学生，有接送学生的家长，也有行色匆匆回家的行人。

　　不一会，街巷里车变多了，冲散了部分人流。

　　天色越来越黑。18点半左右，白阿伯开始往回家的方向走。走到统一街前街的时候，白阿伯再次停下来了一会儿。

　　这里街道较宽，而且遮蔽物少，白天很晒，人流量小，而到了晚上却成了夜市。不一会，白阿伯看顾客不多，便又往花楼街走去，直到与阿婆汇合。

　　此时夜色已慢慢侵袭了花楼街，白阿伯和阿婆也往家的方向走去。他们将车上的货物慢慢地搬回屋里，而后白阿伯再将板车的板部分竖起来靠在墙上，放在狭窄的过道，轮子则拿回了家里。一天的工作终于结束了。

· 2015 年 7 月 10 日，晴

这一次，我们走得更远、范围更大，打算从宏观的角度来观察小贩。

由于小贩和干货调料店有竞争关系，于是我们对干货店也进行了研究，发现他们关门时间是 20—21 点，而到 19 点半左右小贩都几乎收摊回家了。因此小贩不是争抢店铺关门时间后的顾客。小贩的售价会比店铺要便宜些。毕竟店铺还要支付门面费。

这次我们关注了小贩的顾客，发现在成交的 49 单生意里，只有 7 单的买家是年轻人。所以小贩主要的贩售对象是对价格最为敏感的中老年人群。在这样一条热闹的街巷中，因为他们敏感的观察力，以及充分利用老街区里或狭窄或宽松或歪曲或整齐的不同层级的空间，小贩在此能够生存并生活下去。不仅是小贩，这个地方同时孕育了很多生存形态和生活方式，如垃圾分解者、打铜人、绷子床制作者等。

然而离这不远处的新社区，整齐划一，干净且现代感十足，却显得十分的冷清和单一。除了快递员，没有小贩等人靠近。为什么？我们不禁自问。而答案也显而易见：一是保安会驱逐；二是这里过于齐整，小贩们缺乏富有变化、多层级的空间完成视线、停驻、藏匿、上厕所等活动。

我们在做建筑设计的时候，习惯推平场地、习惯整洁和规矩，习惯认为混乱是落后和过时的。然而，在那狭窄的街巷里，密密麻麻地布满各色人物的生活轨迹，却显得那么热闹、丰富和充实。

我们有什么理由轻易地将它们清空和推平呢？如果将每个人的生活比拟为一个齿轮，在这里，各种齿轮相互咬合，带动社区这个大齿轮的转动。

而新区里，恐怕离开这些齿轮后，我们看到的便是孤立的甚至僵死的场景。

路上没有小摊小贩，所有的货物都从店铺购买；没有街边的大排档，都是整齐干净的饭店。也许这些改变是文明的、是现代的，但人与人之间的联系变得生疏和分离，生活轨迹也从错综复杂的交叉变成发散的。齿轮的比喻或许令人想起过时的机械论，当然，街区内部的相互作用关系比之齿轮要混沌复杂得多，我们将这个模型简化了很多，而这种庞大交织的关联值得以后花更多时间研究。

虽然社区或者社会的生活并不是像齿轮一环扣一环这么简单，而且一个的离开或者消失总会有新的替代品或互补品出现填补上，总轮不会停止转动的。但是与其连根拔起让旧齿轮消亡，为何不试着让旧齿轮也能在新齿轮中运转？

一味地抹去过去，恐怕我们只能在电子文件中缅怀曾经的卖姜小贩。何况这些齿轮并非是老化、僵硬的，它们代表的是底层平民的生存智慧和鲜活灵动的生活轨迹。

我相信作为城市规划者，单单建一个社区文化中心、公园、图书馆并不会带来令人期待的效果。

与各色小贩穿梭的花楼街形成鲜明对比的是，附近六座新建的高层住宅区竟悄然形成了气氛微妙的真空带——没有小贩愿意靠近

为什么干净整洁的新区缺少老旧社区那样充满干劲的叫卖声？当城市化进程铲平小街小巷，其既有的淳厚、温润、热闹的生活氛围该如何在新区中得以延续

微观尺度

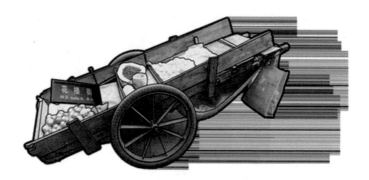

　　小比例下的观察，由于是更加接近我们自身 1：1 的尺度，所以我们能够从普通的视角发现一些生活的常态，然后从这些常态中发现并总结规律，而这些规律正好蕴含了在花楼街生活多年的人们的智慧。

　　首先，白阿伯在板车货物的摆放上就存在规律。货运板车上主要有姜、洋葱、土豆、辣椒、南瓜，其中姜的数量在所有货物中占的比例最大，近 1/4。与此同时，我们发现姜的销量也是最大的。

　　有需求就有市场，销量大，供应就多。在保证其余商品的基本需求下，生姜数量最多，可以做到利益最大化。其次，板车自身也是白阿伯智慧的结果。板车是由白阿伯自制，它的长宽高恰好满足白阿伯在花楼街大街小巷中自由穿行，并可随处摆摊贩卖。

　　此外，板车本身也可拆分为车轮和板两部分，这样做是为了板车方便存放在花楼街狭窄的楼道空间中。

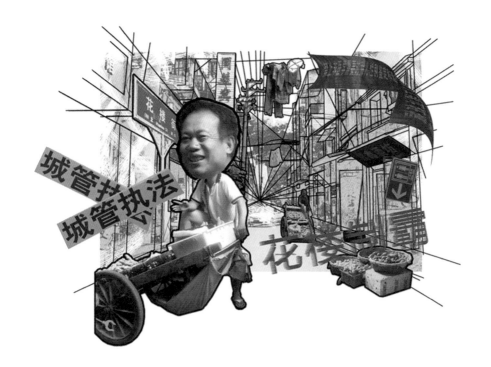

　　除此以外，一定还有尚未发现的平凡的智慧。这些智慧是对花楼街这条古老的街巷空间适应的结果，是一个长期潜移默化的过程的结果，是自然的，也是正确的，更是一种自下而上的 Humanity 的体现。

　　而 Humanity 是一种人文关怀，是设计的最终目的。所以，花楼街的智慧值得我们敬畏和学习。

　　有时平凡的智慧才是最具有价值的。

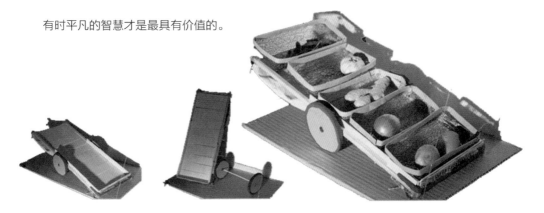

中观尺度

不同的路线选择
不同的巷道尺度

相同的时间掌控
相同的汇聚形式

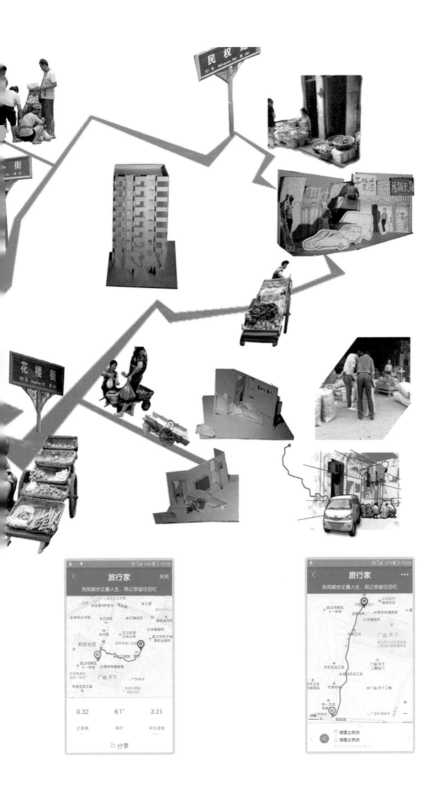

· 占地策略

　　小贩处在两条道路的交叉口处。这里有着双向的人流，是贩卖的好地方。同理，他们也会在两个错位交叉的支路处贩卖，这里提供给他们三方的人流。而且，这几条支路是大多数人们默认的习惯性路径。人流量大，既能满足销量又不会引起城管的注意。这充分体现了小贩的观察力。

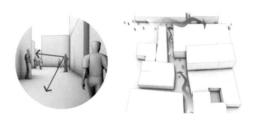

　　而在其一旁的卖西瓜的小贩更是在城管视线的盲区——建筑物的后方进行贩卖。两个小贩之间互相照应，好似团队协作中的站岗与放哨，与城管斗智斗勇。

　　小贩会将板车停留在靠近厕所的地方。因为他们常常一个白天都在外贩卖，公共厕所可以解决他们的一时方便，同时也可以作为隐藏之处。

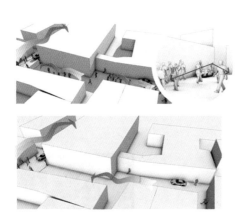

　　再者，小贩会选择在学校的附近站位。幼儿园的小朋友都需要父母的接送，提供了潜在顾客。幼儿园放学在 16 点左右，15 点左右小贩就会在这附近贩卖。

　　同时幼儿园一般在街道稍靠里处，为避免儿童离街道过近有危险，因而在这里几乎不用担心城管的管制。

　　同理，在小学的附近也会有这样的一些小贩，趁着放学的时间好好地卖上一笔。

　　小贩会选择在有遮蔽物的支路上进行贩卖。如此处有辆长期停靠的小汽车，小贩会选择站在车的后方，因汽车的遮挡，城管在主街上巡逻时不会一眼就发现他，而同时他又能清晰地掌握到主街上发生的事情，以做好应对。

· 时间策略

　　随着时间的流逝（15 点至 19 点），小贩的位置会从次支路到支路再到主路完成三级跳。其间有潜意识的占地策略。

　　小贩之间虽然互不相识，却仿佛有集体意识般地行动。

延时摄影：每 10 分钟一张
地点：统一街
时间：2015 年 7 月 11 日
15:00—19:00

图序 1—6：
15 点到 16 点，统一街主路上没有人。

图序 7—12：
16 点到 17 点，小贩出现。

图序 13—18：
17 点到 18 点，学生放学，街上人流激增，各色商贩涌现。

图序 19—24：
18 点到 19 点，街上人流开始减少，车流增多，小贩消失。

· 生活厚度

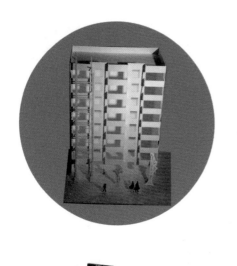

花楼街区里，密密麻麻地布满各色人物的生活轨迹，显得丰富充实。若将每一种生活看作基础的齿轮，在旧城区，各种齿轮相互咬合，带动社区这个大齿轮的转动。

借由敏锐的洞察力，充分利用老街区里丰富的层次，小贩在此平静地生活下去。不仅是小贩，这片地方同时孕育了很多生存形态和生活方式。我们看到人们自由地栖居在这片土地上：贩售、打铜、快递、炸鸡……

宏观尺度

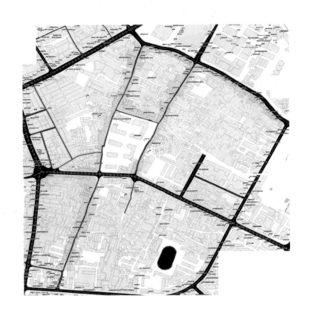

黄色区域表示市场，范围为花楼街与统一街主干道及其辐射区域。

蓝色区域表示道路信息，这里新城区与旧城区混杂，但可从道路的支路数量予以区分。

紫色区域表
示顾客来源，包
含旧城区和新城
区的居民。

这张地图上
标出了小贩"根
据地"、干货店
铺、果蔬店铺所
在区域。

尾声

准备策展的日子，仿佛令汗水浸透每一根头发的登山，最后踩上山顶的那一步，是评审老师的一席评语。

老师为人宽容，温和地肯定了我们的工作量，肯定了我们的调研成果。前后三个讲述者的每段介绍，老师都认真地听取，赞扬三段表达的前后呼应和层次渐进。之后的批评也一针见血。

单一的表达手法、过密的表达内容以及不够严谨的表达中心都确实是硬伤。

想一想，很遗憾：模拟真实场景，在连贯的鲜明色调、360°的立体展出等等，那么多丰富的表现方式，我们都未能细加考量，化为己用。

其实想到以齿轮的比喻作为展出的表达中心时，大家觉得没什么问题，听完老师一番话，才惊觉其中的不严谨。齿轮的比喻很像是过时的机械论，而街区内部的相互作用关系比齿轮要混沌复杂得多，我们将用于思考表达的模型简化了太多，那些庞大交织的关联其实需要能展现出更复杂关系的模型来表达。

这些天，用很多模型(Model)、草图(Sketch)、制图(Drawing)，最终完成了一个大的、完整的 Mapping，有种很不真实的错乱感。

策展的落幕，画上了工作坊的句点。

场景模拟是有趣的，　　　　我们玩得很开心，很尽兴。
草图是有趣的，　　　　　　一直亮着的那盏暖黄色的布灯很美，
制图是有趣的。　　　　　　每个人的心都很温柔。

感言

认知事物，从事无巨细的调查开始。你会发现，卖姜小贩演绎的是一派人的生活面貌。

——徐静悦

像白阿伯这样的小贩们对这一片街区再熟悉不过，这份熟悉在此演变为他们智慧的选择。

——陈欣欣

在这里，我收获了知识，更收获了感动，很庆幸在大学短暂的生活里能和一群人一起义无反顾地干一件事，收获一段美好的记忆。

——陈靖翎

生姜是生活中最常用的佐料，可是每块生姜背后存在的是卖姜人的生活智慧与混乱规划的老城区满满的人间情味。

——朱晗潇

无限掌中置，刹那即永恒。

——方歆月

身边平凡的事物蕴含的智慧往往令人惊叹，值得我们敬畏、学习。

——邢策

工作坊使我懂得了每个事物都会从不同的角度影响它的周围，并与不同环境发生关系。小到个人，大到建筑、城市，莫不如此。所以我们要从不同的尺度、深度和角度去思考、发现，才能得出一个全面合理的 Mapping。

——卢麒壬

看到了民间隐秘的生存智慧，以当局者的视角审视空间、场地和社区，在混乱中求得和谐。

——覃思源

我们习惯了建筑师主观强加概念式的设计，故而容易忽略受众的真正需求；我们习惯了讲究逻辑的井然有序，所以常常忽略看似卑微、混乱中的潜在玄机。

——李智辉

一夜喧嚣，满地虾壳，
叮叮咣咣的酒瓶，
迎着晨曦的垃圾车，
一扫而光。
偌大的市场，
层叠的塑料筐，
轻巧的铁钩，
杆秤满载一天的繁忙。
包裹严实的拾虾人，
麻利的俯下捡起，
一只虾收获一块钱的欣狂。

06

小龙虾组

花楼街的小龙虾

一到花楼街，我们就被它混乱的市井气息所吸引，满街的虾壳更是引发了我们无数的疑问。小龙虾为什么在花楼街这么受欢迎？它们是从哪里来的？剩下的虾壳又会送到哪里去？这些虾摊的分布背后又有什么内在逻辑？买虾人和卖虾人间有着怎样的交锋对决？带着这些疑问我们开始了追踪调查。

花楼街夜市

第二天

清洁工清理街上的虾壳

第一天清晨

垃圾车处理虾壳

在花楼街有三种卖虾的摊子：第一种是白天卖活虾给附近居民的生虾摊；第二种是以油焖大虾为招牌菜的小餐馆；第三种也是最有趣的一种，就是在夜幕降临后才现身的夜市虾摊。

虾摊上的智慧

　　大排档上只单卖虾的摊点不多，大多会掺着卖一些烧烤炒菜。在小小的一辆车上面，既要煎炒烹炸，又要把虾子菜品陈列出来供顾客选择，还要肩负收银的功能，这就需要摊主用智慧对车上和车周围的空间进行统筹规划。

　　我们在一家生意最红火的摊子旁坐了下来，发现摊主陈哥为了让空间利用率最大化，主要用了以下两种方法：

　　一种是在水平面上争取最多的展示空间。他在车子正面自己焊了一个可以上下翻折的支架，出摊的时候支起来可以多放两排菜品，同时又露出了贴在车身上的菜单，吸引顾客的眼球。另一种方法则是垂直空间的巧妙利用。陈哥的摊子从上到下可以分为招牌、展台和灶台以及储物箱几部分。在招牌后面一点，陈哥扯了几条绳子，把油盐酱醋锅碗瓢盆分门别类地挂在靠后的绳子上，保证自己一伸手就能拿到需要的工具，而方便袋、塑料碗、筷子笼则挂在前边低一点的位置以方便顾客取用。另外有一些鲜活的龙虾装在筐里放在车子斜前方一眼能看到的地方，既能吸引顾客又不会被人顺手摸走。

·水平空间的策略

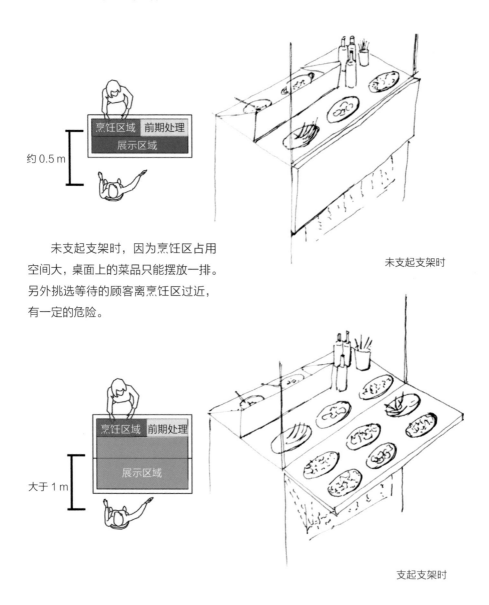

约 0.5 m

烹饪区域　前期处理
展示区域

未支起支架时

大于 1 m

烹饪区域　前期处理
展示区域

支起支架时

未支起支架时，因为烹饪区占用
空间大，桌面上的菜品只能摆放一排。
另外挑选等待的顾客离烹饪区过近，
有一定的危险。

支起支架后，摆在桌面上的菜品可增至三四排，
可见的菜品增多从而吸引了更多的顾客。另外支架加
大了顾客与烹饪区的距离，保障了顾客的安全。

· 竖向空间的策略

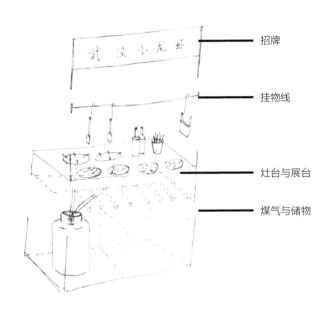

招牌

挂物线

灶台与展台

煤气与储物

因为水平面的可用空间有限，于是在这四五平方米的空间内要尽量占用垂直空间，摊主垂直空间布置如左图所示。

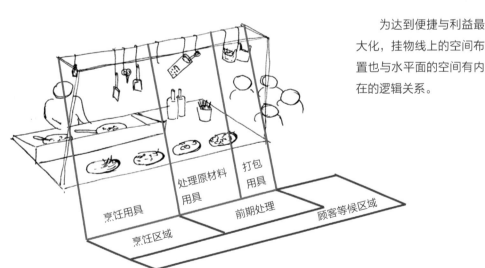

烹饪用具

处理原材料用具

打包用具

前期处理

顾客等候区域

烹饪区域

为达到便捷与利益最大化，挂物线上的空间布置也与水平面的空间有内在的逻辑关系。

· 周围互动的策略

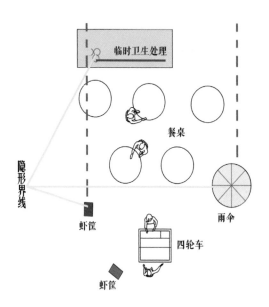

每个虾摊没有固定的
店面，但每个虾摊通过过
道、空筐子、遮阳伞等划
定自己的经营区域，后面
伙计也用洗虾水桶划分出
工作空间和使用空间。

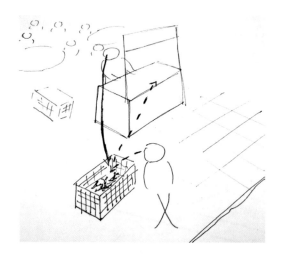

将装有活鲜虾的虾筐
置于车的前方不远处，可
达到吸引过往行人的作用，
同时摊主自身的视线也可
达，避免了利益损失。

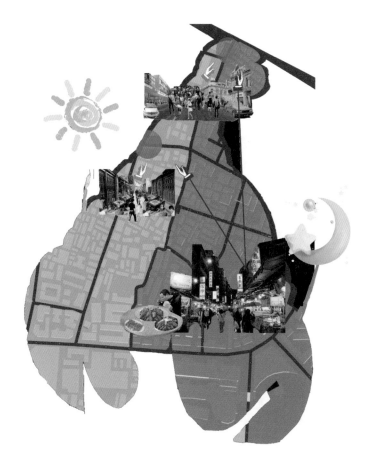

宽阔的街道，时间差的利用，带来了大量的潜在顾客

　　像陈哥这样的虾摊在花楼街主要集中分布在两处：一处是在江汉路步行街的尽头；另一处则是在花楼街社区和打铜街社区相接的麻将馆处。这两个地方都有比较宽阔的街道，足以使店家在摆开摊位后还有足够的地方让客人入座。但是这两处又都是打了一个时间差，在白天的时候一处摆满了麻将桌，另一处人来人往、车辆川流不息没办法摆开摊子；但是到了晚上，白天的劣势就变成了优点。麻将馆和步行街都是聚集闲散人员的好地方，一个可以带来固定的食客，另一个则有大量的游人经过。

虾摊上的发现

我们从陈哥口中得知，附近商贩的虾都是从花楼街菜市场进货。

在菜市场，我们观察到老板对于虾子的摆放位置和贩卖时间是非常有讲究的。7点的时候虾子大的在外、小的在里，17点的时候则是虾小的在左、大的在右。总之要保证大部分的人在经过的时候可以第一眼看到大虾子，这样才能使收益最大化。

白天，虾铺前的人流走向是由北向南
虾铺前虾筐里小龙虾的摆放从左到右是：
大 → 中 → 小

菜市场和活虾摊的虾子都来自白沙洲菜市场。4—8月的每天早上，随州等地的虾贩子从田里收了虾子后集中运到白沙洲市场，一部分的虾卖给武汉市的大小市场，品质较好的直接送给大饭店，还有一部分会运输到上海、广东等地，而在运送过程中产生的死虾和品质不好的小虾则由潜江的工厂统一收走用来制药。

夜晚，虾铺前的人流走向是由北向南
虾铺前虾筐里小龙虾的摆放从左到右是：
小 → 中 → 大

在白沙洲我们发现了两类行为很有趣的人。

拾虾人：拾取掉落在地上的虾

白沙洲农副产品大市场

从花楼街虾摊出发

麻木：买虾人和卖虾人之间的中转人

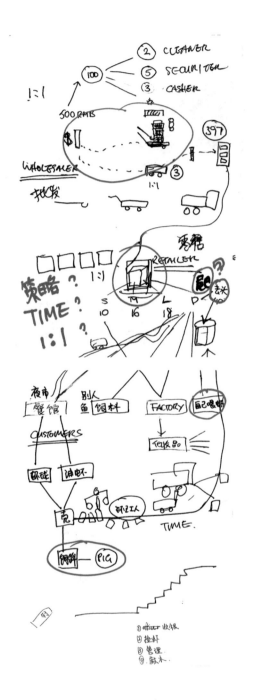

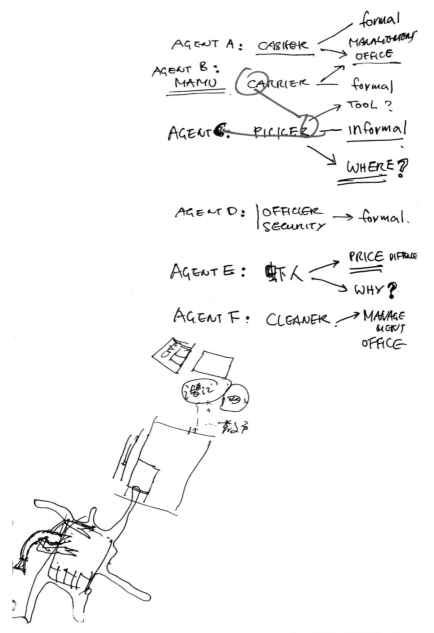

AGENT A: CASHER → formal
→ MANAGEMENT OFFICE

AGENT B: MAMU CARRIER → formal

AGENT C: PICKER → TOOL?
→ informal
→ WHERE?

AGENT D: OFFICER SECURITY → formal.

AGENT E: 虾人 → PRICE DIFFRCE
→ WHY?

AGENT F: CLEANER → MANAGEMENT OFFICE

虾市的边界变化管理系统

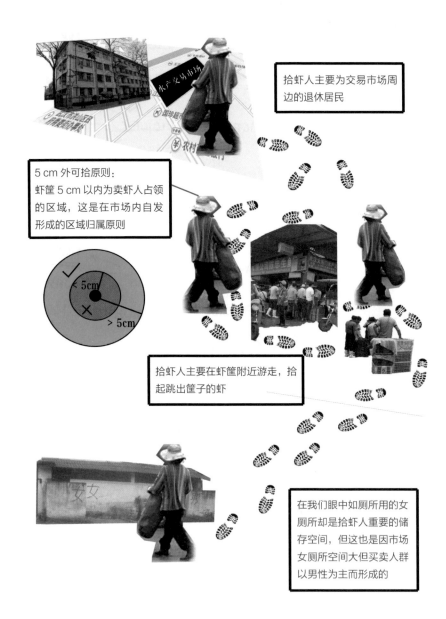

拾虾人主要为交易市场周边的退休居民

5 cm 外可拾原则：
虾筐 5 cm 以内为卖虾人占领的区域，这是在市场内自发形成的区域归属原则

拾虾人主要在虾筐附近游走，拾起跳出筐子的虾

在我们眼中如厕所用的女厕所却是拾虾人重要的储存空间，但这也是因市场女厕所空间大但买卖人群以男性为主而形成的

在白沙洲市场前，面包车、货车等在车行道边自发地限定了一个小龙虾交易空间。

市场买卖

一路之隔的市场内密集人流占据了买卖空间，麻木只能钩筐行走进行小龙虾的运输。

麻木钩筐

交易空间外，人流稀疏，采用麻木运输，将买家与小龙虾运输至停车场内。

麻木停放处

尾声

　　白沙洲虾市没有明确的交易界限，全靠商贩的买卖行为划定界限。买卖商贩、投机者、运输者，以及保安、环卫等所有人都身手矫健，混乱却有序地穿梭在这不大的区域内。

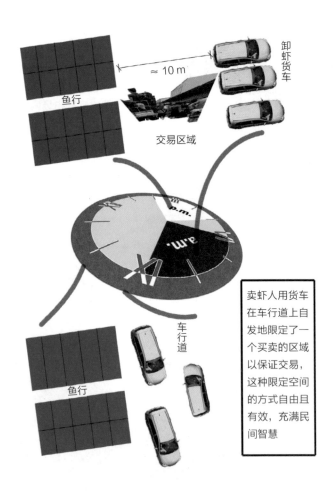

卸虾货车

≈ 10 m

鱼行

交易区域

车行道

鱼行

卖虾人用货车在车行道上自发地限定了一个买卖的区域以保证交易，这种限定空间的方式自由且有效，充满民间智慧

感言

在喧哗城市中有人过着"贫困"的生活，习惯于旧时代的日子，他们才应该是我们需要去了解、去关注的具体的人。

——李官根

10 天的工作，10 天的充实，一步一步向前，虽不完美，但却不负于自己。我学会了如何从微小的细节找到不一般的特别。

——朱珩

团队是我收获的友谊，低姿态是我新的思维方式，工作坊是我们的实验基地，社会是我们的导师。我们在学习中成长，生活因设计而美好。

——唐尧

知识上无疑获得了很多，通过细微的发现以及随之脚踏实地的调查，才明白城市的使用方式并不单一，也正是由于这种不同，才造就了它的复杂，使我们的探索有了意义。此外，团队协作的经验于我也十分宝贵。它让我看到自己的缺陷，也看到别人的光芒，更教会了我如何更有效率地沟通与合作、坚持与妥协。

——陈婧慧

10 天的经历带给我不一样的成长。它让我们告别自己的主观臆断，贴近那些我们不曾关心过的人，了解他们的生活，学习他们的智慧，看一看他们是怎样在被设计的空间里生活的。

——张沛琪

在这 10 天里，仿佛体验了一次别人的生活。经过体验和调查后，发现很多自己曾经认为的他人生活实属误读，不同的人有自己的生存策略，这一切只有在放下身段融入进去才能发现的，也许这也是一个建筑师该有的素质，切身实地地为使用者着想，永远不忘我们口中玄乎的空间，是使用者生活的地方。

——陈楚翘

规划的混乱工作坊让我们学会在混乱中观察生活中的细微之处，发现混乱背后的逻辑。这 10 天的时间让我们以一种全新的方式将自己置于他人的位置，以被观察人或物的角度去体会他们所处的环境、他们眼中的生活。

——何悦

从清晨到黄昏，
用脚步去丈量，
用斤数去计算。
你我扔掉的，
他拾起。
昏暗的光线，
照不清他的沧桑。
狭窄的小房，
装不下他的梦想。
睡梦中，他拥有，
一个水龙头和一扇窗。
还有孙儿放学回家的熙攘。

07

邵大爷组

成果照片

城市夹缝人的生存攻略

我们在花楼街听到一个故事：河南周口一个流浪汉辗转到了武汉，靠收破烂赚的钱回老家盖了房子，于是先后有 30 多号人从偏远的乡村来到这里谋生。但收垃圾怎么赚钱？他们是怎么办到的？带着这样的疑问我们开始了探寻之旅。

两个房子之间 80 cm 宽的夹缝是邵大爷的家。自建夹层，前后留空以便前后都可以上人、货物堆积有更多的地方；夹层用来支撑的斜木上也可以堆东西，下方恰好挂着电风扇；空间在进深方向根据使用的不同堆积货物的高度也有规律……80 cm 大有天地，夹缝之外也有精彩。

马路边的工作地点、社区水池、公厕等物尽所用。收垃圾也是一门技术活，路线策略、时间策略、休息策略……如何做到收益最大化？废物循环利用体系的齿轮转动起来，各种中转站、回收站也运转起来。拾荒者们就在 5 分钱、1 毛钱 1 斤（1 斤 = 500 g）差价所赋予的空间中生存着。

夹缝天地

在最开始的时候，拾荒者们都是睡在桥洞下，不用付任何房租。可是之后便发生了被人打晕、钱被抢走的经历，于是他们开始寻求最为廉价的租房，那就是夹缝。

我们所见的这两个房子之间 80 cm 宽的夹缝是邵大爷的家。一张床、一张小板凳就是家中所有，用以吃饭、睡觉、存放货物。 自己用长短不一的木条建夹层，短板上放一财神爷，愿天佑财进。长板前后留空以便前后都可以上人，可堆积更多货物。夹层用三根斜木来支撑，就这一个三角形的空间也大有作为：中间可以塞东西，斜面用以挂电风扇，使风恰好对着床头的位置。宽虽只有 80 cm，长尚有 6 m 可用。根据生活使用的不同，货物堆积的高度也有三种：往里一路低中高递进；两侧墙壁也是将可挂的东西尽可能挂起来；右边屋子有一半的梁戳在了大爷的夹缝里，上面可以放东西，还裂了一个口子放洗衣粉和杯子。

邵大爷家剖面 1

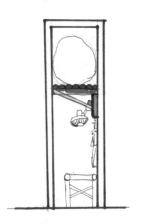

邵大爷家剖面 2

在房东屋子的另一个侧面也有一个夹缝，是另一位收破烂的顾大爷的家。一样的宽度，长却只有一半，租金却是一样的。原因很简单，在夹缝一侧的高处混凝土被打掉了，只留有钢筋，阳光空气便得以流通。顾大爷也不傻，建好夹层，床就放在夹层上面。空间小了，使用自然就要省一点。下层全部堆货，只留下一条小小的走道，上面住人。

邻里之间

　　80 cm 大有天地，夹缝之外也有精彩。收来的破烂需要分类、分解、捆绑，需要工作空间，大爷在选择住处时一定会选择门外有可使用的公共空间的地方。邵大爷的工作空间就在马路对面，紧临社区服务中心，须征得他们的同意，需注意宽度，留出车过的地方。除了社区公共空间的使用，也还少不了公共资源的使用，如就近的厕所。房东的水池，一天一毛钱，除了解决洗漱、洗手、洗澡这些问题之外，还有妙用。晚上把密度板泡在水池中，第二天整理废纸的时候拿出来藏在一捆废纸堆里，卖的时候直接一捆拿去称，谁也看不出来。再往外看，这一个十字路口一共住着四位收破烂的大爷，他们一起闲聊、打牌、抽烟、工作。会有女邻居在大爷整理破烂的时候前往围观，拿走大爷捡的包。前后邻里也会把破烂拿到大爷这里卖，或者将小的东西直接丢给他们。但也会有50 m 开外的地方的大妈把纱窗放在外面晒，结果弄丢了，就会直接冲到这个地方破口大骂，认为就是他们几个拿走的。

社区

工作地点

房东家

邵大爷家

扬东大入口

社区交通空间

线 路 策 略

　　想要做到收益最大化，收垃圾也是一门技术活。邵大爷早上 7 点出发，赶在垃圾被收走之前将沿路垃圾桶看一遍，这个时候他只捡垃圾，不吆喝，大清早有谁会卖破烂呢？中途 9 点半左右回家整理并吃早饭，然后再出发，沿路会一直吆喝"破烂"，一样的语调，一样的口音。在线路中会有固定的厕所，让路线最简化。他会去五金店门口转悠，会去正在装修的人家转悠，也会建立起自己的社区关系网络——有熟人会把破烂放在自家小巷深处，等邵大爷直接去拿。

废品循环

破烂收好后先分解。例如收了电风扇后，拆一拆，敲一敲，分解成铜、铁、塑料、可用的零件，价钱就高上来了。再分类，将纸、塑料、铜、铁、小零件打好包，卖到各自的回收站，回收站往下再卖到炼铜厂、塑料厂之类的地方，做成产品再向全国发售。而小零件则有人专门收来自行组装成插线板、插线头等，再回到社区。一手破烂到过了几个地方，这中间的差价不过5分钱或1毛钱1斤而已。这些收破烂的大爷们就牢牢地贴在这根纤细的金钱线上生存着。也只有花楼街这种老社区才有这么完备的废物循环系统。那反过来想，也正是河南帮的涌入，这条链条才得以形成，系统才这么完备。

10天的时间很快就过去了，其间酸甜苦辣也一一尝遍，所感悟到的、所收获的也甚多。所有这些发现都在向我们展示着收破烂大爷真实的存在。他们有血有肉，有生活有智慧，而不仅仅只是垃圾桶前一个佝偻的剪影。这让我们更懂生活。

感 言

生命的厚度得以延伸。

——颜碧玉

设计师的工作是十分需要接地气的，需要我们看到这个城市最真实的形态，挖掘别人看不到的地方，然后去更好地服务于人。

——马冉

学会了如何深度调研、近距离观察生活，一切都是那么的有意思。

——郭佳

一次次的挫败让我们质疑过、彷徨过、懈怠过，也不知道是什么东西让我们坚持了下来，最后结果已是无悔。

——莫林

建筑师要有爱心。

——吴劲松

这次工作坊让我学到蛮多东西，虽然有点辛苦，但一切都是有价值的。

——林鹏

我们的团队

课题团队

来自武汉大学城市设计
学院 2011 级、2012 级、
2013 级建筑学和城市规
划专业本科生，2014 级
研究生以及部分学术志
愿者

特邀嘉宾

汪　原　华中科技大学

万　谦　华中科技大学

张翰卿　武汉大学

张　霞　武汉大学

舒　阳　武汉大学

郑　静　武汉大学

OUR
TEAMS

OUR
TEAMS.

OUR
TEAMS

致 谢

青宁湾·小苔农庄

上海市青浦区青昆路 688 号金家农家乐

大地建筑事务所（国际）

北京市海淀区西四环北路 15 号依思特大厦 9 层

上海亚合建筑设计有限公司

上海市普陀区光复西路 1107 号苏河汇 2 楼 C 座

杜　凯	吴明哲	孙　亮
周廷春	周　羽	冯　量
熊桂林	周　超	李　威
何振波	周　伟	王　娟
王玉敏	赵　蓓	张　洁
鄢　平	张富江	杨　清
章　雷	湛　江	凌　莉